U0155623

后浪

Pur jus

天然葡萄酒

在葡萄园耕耘未来

Cultivons l'avenir dans les vignes

［法］朱斯蒂娜・圣-罗/弗勒尔・戈达尔 著
彭粲 译 后浪漫 校

贵州出版集团
贵州人民出版社

为了继续遇见那些超酷的人，为了继续笑得像
大张着嘴的鲸鱼，为了敞开肚子吃美食，为了喝
到发酵的葡萄汁，我们得想个办法。一个让我
们每个周末都可以跑到葡萄园里，将手摊在
大地上、睡在美丽的星空下、跳进
湖中的好办法！
一部漫画？

你们好，

这本书按照四季流转，讲述那些发生在葡萄园中的故事，我们以尽可能真实的方式来还原它们。

在各个特定背景下，每一位葡萄酒农告诉我们的对工作的设想都是有价值的。有的时候，在不同章节，他们对同一主题的说法甚至是矛盾的。结论就是，绝对的真理并不存在。

而最让我们吃惊的，是酒农为了生产出美丽的葡萄而采用了如此之多的方法。

于是，我们想到，也许有不少人会感兴趣呢！

吻你们

朱斯蒂娜和弗勒尔

葡萄酒扬帆起航

弗朗索瓦·莫雷尔

毫无疑问，在今天，葡萄酒备受大家的喜爱，特别是“天然葡萄酒”，即没有添加通常用来改善葡萄潜质的各种东西的葡萄酒。“天然”这个词，有人视为魔法，有人感到无意义，因想象或偏见而缺乏牢固的根基。事实上，人们谈论的到底是什么？最好的办法，唯一公正的办法，是怀着求真的意愿而不是将就的态度，去现场观察和倾听。因为，爱葡萄酒，就是爱酒农们在葡萄园和酒窖中日复一日的劳作，他们确保采用天然的方法，以果实、风土和口感为真正的挑战。弗勒尔和朱斯蒂娜热爱最真实的葡萄酒，再加上这一切又与种植条件相关，她们于是出发——背包里装着钢笔、铅笔和画笔——去遇见葡萄酒农，并分享这份激情。我们不能再装作一无所知……就像雨果说的：“现在，趁着好事达成，我们开怀畅饮！”

在米夏埃尔·若尔热家

寻回的时光

东比利牛斯省阿勒贝尔的拉罗科镇

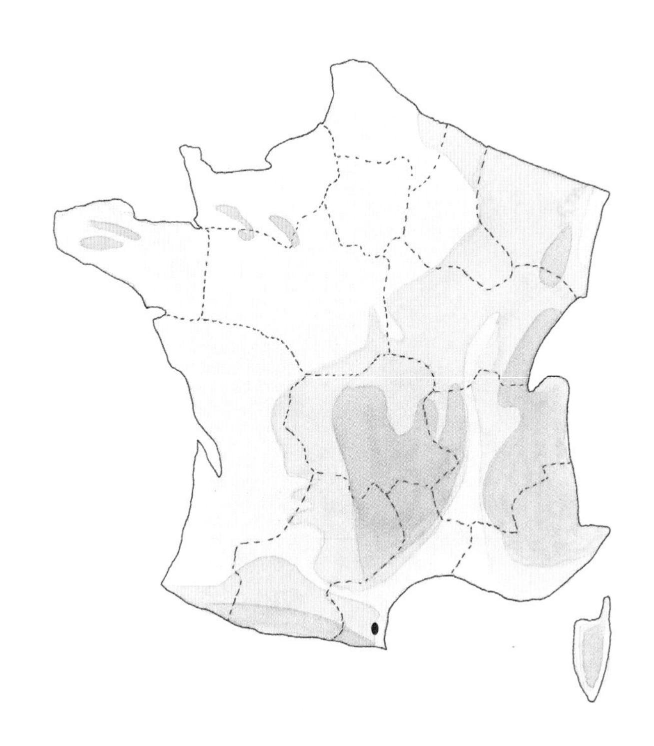

米夏埃尔从11岁时起就知道他要酿造葡萄酒。他还像孩子般容易好奇，又懂得平静和谦逊。命运的很多偶然因素把他带到阿勒贝尔高地的山麓，比利牛斯山脉的最东段，山脉即将在科利乌尔镇伸入地中海。七月底，距离葡萄采收还有一个月；现在是观察、等待的时期，人们盼着下雨……

在一个气候干旱、土壤贫瘠的地区，如何管理葡萄园的杂草？这里的可耕种土层确实非常薄。在这片山峦起伏、沟壑纵横的土地上，有丰富的矿物：片岩、云母片岩、石英、花岗岩、燧石、卵石等。

为土地养分而进行的竞争非常激烈。所有物种都畏惧匮乏，更何况这片边境地区还有缺水的困扰。不过，没错，米夏埃尔的优点就是，他一点儿也不担心！

米夏埃尔？
嗨！

那么，你就任地里的杂草这么长吗？
其实没有绝对的“好植物或坏植物”，只是有些植物不受欢迎而已。
窄叶黄菀。
小蓬草。

我用手把它们拔掉。
旋覆花属。

就拿小蓬草来说，我们经常能在工业荒地上看到。我认为这肯定是一种可以为土壤解毒的植物，在别的植物都不能生长的地方，它能生长。

但是，它们也是入侵者，会跟葡萄树竞争养分。我更倾向于保留禾本植物、三叶草、苜蓿之类的草。

不过，这些草长在葡萄园里，会让路更难走！
一旦它们长高，我就会和歌利亚一起，拉着FACA滚筒修剪机轧一道，铺一层可供微生物生长的落叶层。明天你看了就知道了！

歌利亚，我的同伴。我们一起工作！

你看，我们的目的，是把草轧平。禾本植物又细又软，它们总会重新立起来。但是小蓬草全都歪了。这才是关键。时间一长，它就倒下了。

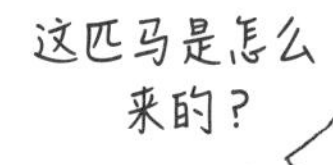
这匹马是怎么来的？

我14岁就开拖拉机了。刚开始，那感觉就像是全世界的王。坐在一台庞大的采收机器上，你觉得自己能力无限，就是个超级英雄！

然后，很快，我就感到厌倦了……怎么样，你想试试吗？
想呀！！

闻起来真香！茴香，胡萝卜花，松软的土地……

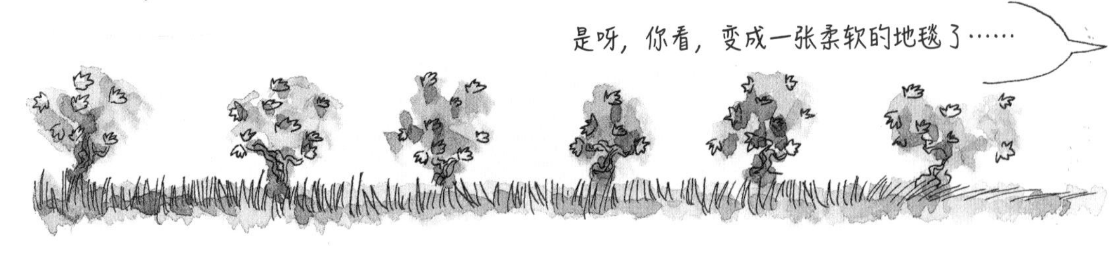
是呀，你看，变成一张柔软的地毯了……

这不是我第一年做草垫了。你看，在下面，已经有厚厚一层了……
就像在森林里，会有落叶层的堆积。
如果你割草，草会再长出来。草将重启生长周期，制造种子、唤醒机能：汲取矿物盐、必需的微量元素……
然而，一旦倒下，草就渐渐分解，不会再与葡萄树竞争养分。
这就像是一台电梯，人满了就不能超载了。当你的群落生境是完整的，也就是平衡的，你就不会再被侵犯。
那些寄生植物，总会有一点儿，这很正常！

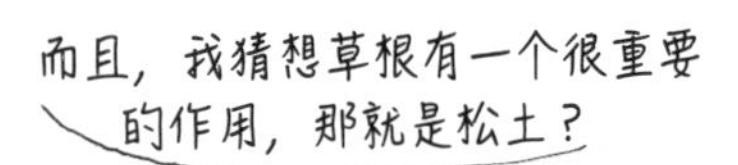
而且，我猜想草根有一个很重要的作用，那就是松土？

是的，事实上，它们有很多重要的作用，比如菌根。
根尖的小白须吗？在芳汀庄园的时候，姑娘们跟我提过！
这是菌类与植物根的一种共生，有了它，植物可以更好地吸收土壤中的营养物质，提高自身的抵抗力。
土壤最表面的30厘米，是可耕种层，包含各种有机物、菌类、需氧微生物……正是有了菌根，人们才能看到土地真正的表现力。

菌 根

菌根（源自希腊语myco和rhiza，即蘑菇和根）是菌类与植物根之间进行的一场地下“交易”。植物根给不能晒太阳的菌类提供有养分的汁液，作为交换，菌类将土壤中的营养物变得更容易被根吸收。这个在土壤中的有活力的有机整体被称为土壤微生物群，菌根是其中最主要的组成部分。

我们采蘑菇时，采集的是菌盖和菌柄部分，即子实体，它们其实是菌类在繁殖过程中很短暂存在的一种构造。菌类主要的组成部分是菌丝。这些白色的细丝能够占据非常大的体积，增加植物根茎接触土壤的面积。1米长的根茎附有大约1000米长的菌丝。

这种菌根关系是一种共生类型：植物根离了菌类将无法生存，反之亦然。这种相互作用帮助植物更好地抵抗环境的压力：干旱、盐浓度、病原的攻击等。

有时，双方的平衡关系因一方较弱而被打破。例如，假使植物“自杀”了，菌类就会回收利用它寄主的尸体，这对双方的后代都有好处（详见《芳汀庄园》章节）。

菌类在地底下正策划着很多事呢！

那么，在光秃秃的片岩山丘，或者只有碎石子的教皇新堡产区，没有了草垫，这个微世界又是怎样的呢？
来，抬起这块石头看看！

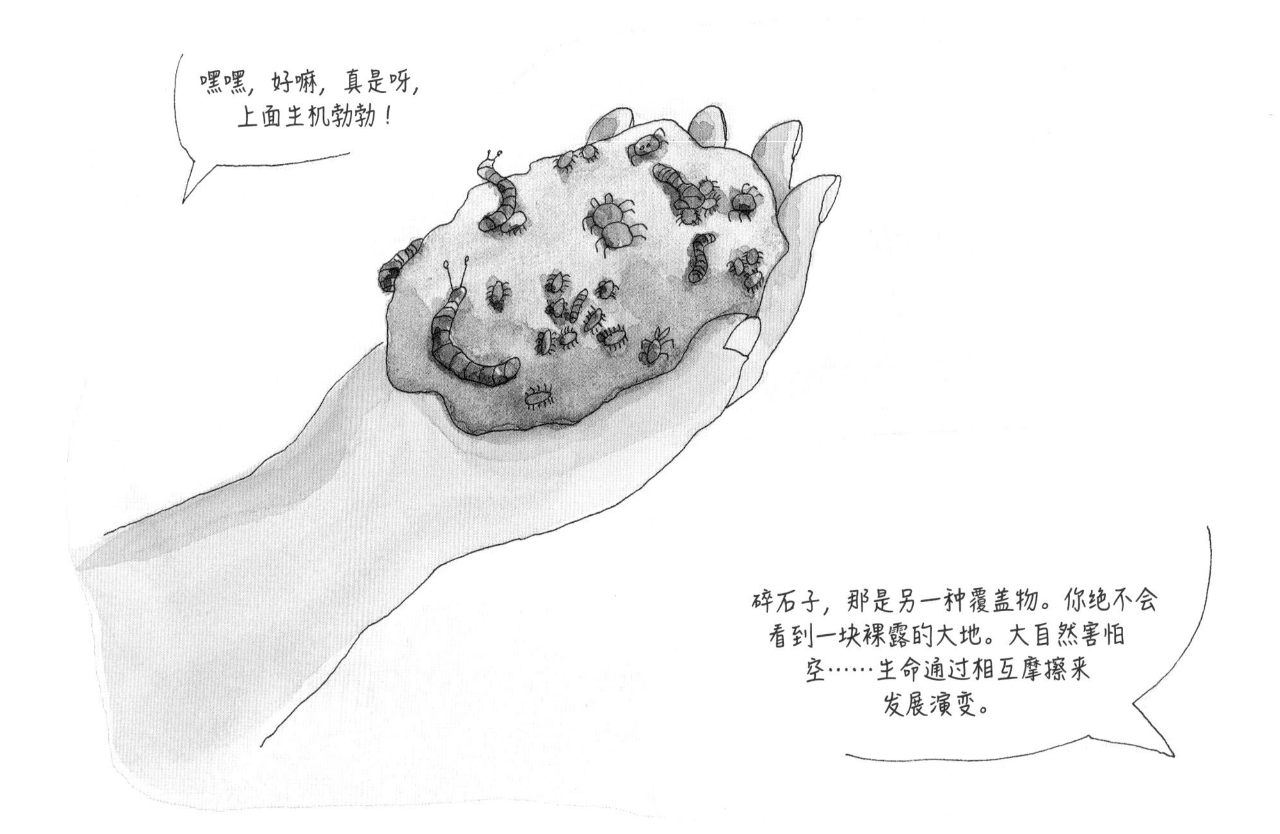
嘿嘿，好嘛，真是呀，上面生机勃勃！
碎石子，那是另一种覆盖物。你绝不会看到一块裸露的大地。大自然害怕空……生命通过相互摩擦来发展演变。

那，这堆种子，又是什么呢？
瞧仔细了！这只是一些空壳……

原来是蚂蚁啊！

蚂蚁收集种子，去壳，吃里面的芯……这样可以减少杂草，它们把土壤打理得很好！

下雨的时候，雨水会渗入蚁穴：这是一个超棒的灌溉系统！

有时，我会看到野猫在蚁穴上打滚。它们用蚂蚁喷射的酸液除掉自己身上的寄生虫……

按照生物动力学原理，我们会制作很多富含微生物的喷雾。例如，"500"，叫这个名字是因为每1克粉末中平均含有500 000个微生物。为了养活这些小家伙，可得有丰富的养分！

这里，我挂上捕捉葡萄蛀蛾的陷阱，它是葡萄蛾的南方品种。三代虫子会接踵而来。

第一代在开花时出现。

葡萄蛀蛾先做一个“小球”，一种用它吃下的花蕾剩余物和丝线织成的小网。

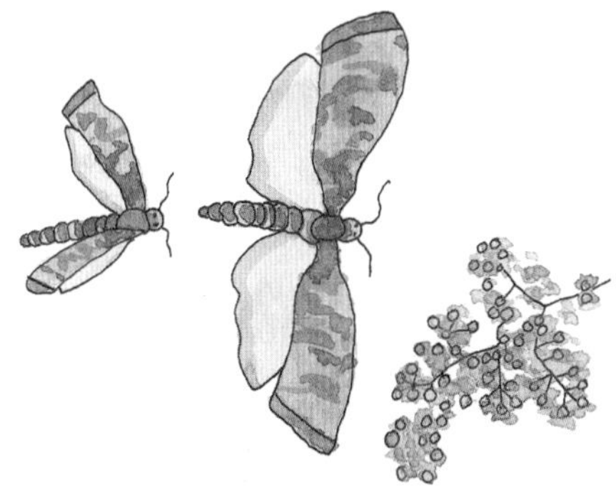

蛹期，即幼虫蜕变成飞蛾的时期，大约持续一周。然后飞蛾飞走，等葡萄到了坐果期，它再回来产卵。

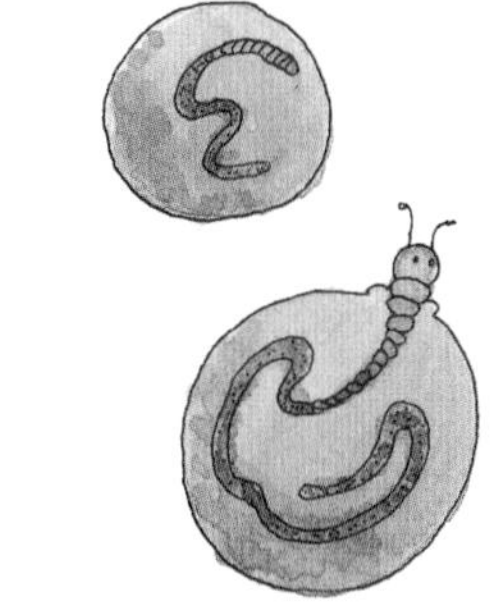

跟它们的父母一样，第二代飞蛾在树干的凹陷处、叶子边缘或浆果里产卵。

幼虫从卵中钻出后，会在葡萄里挖通道。

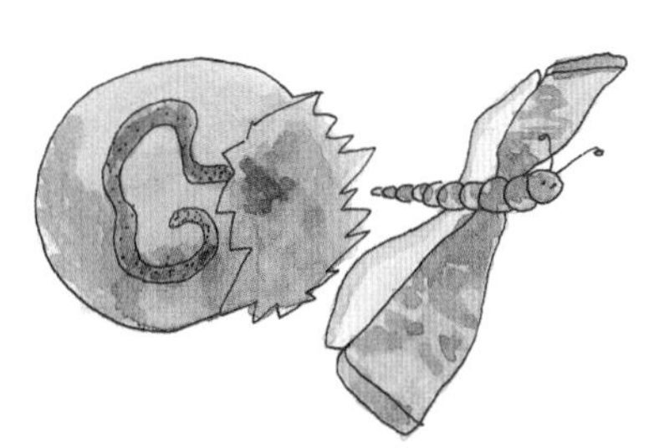

但是，这时的损害是有限的，因为在这个阶段，浆果的伤口能够愈合。

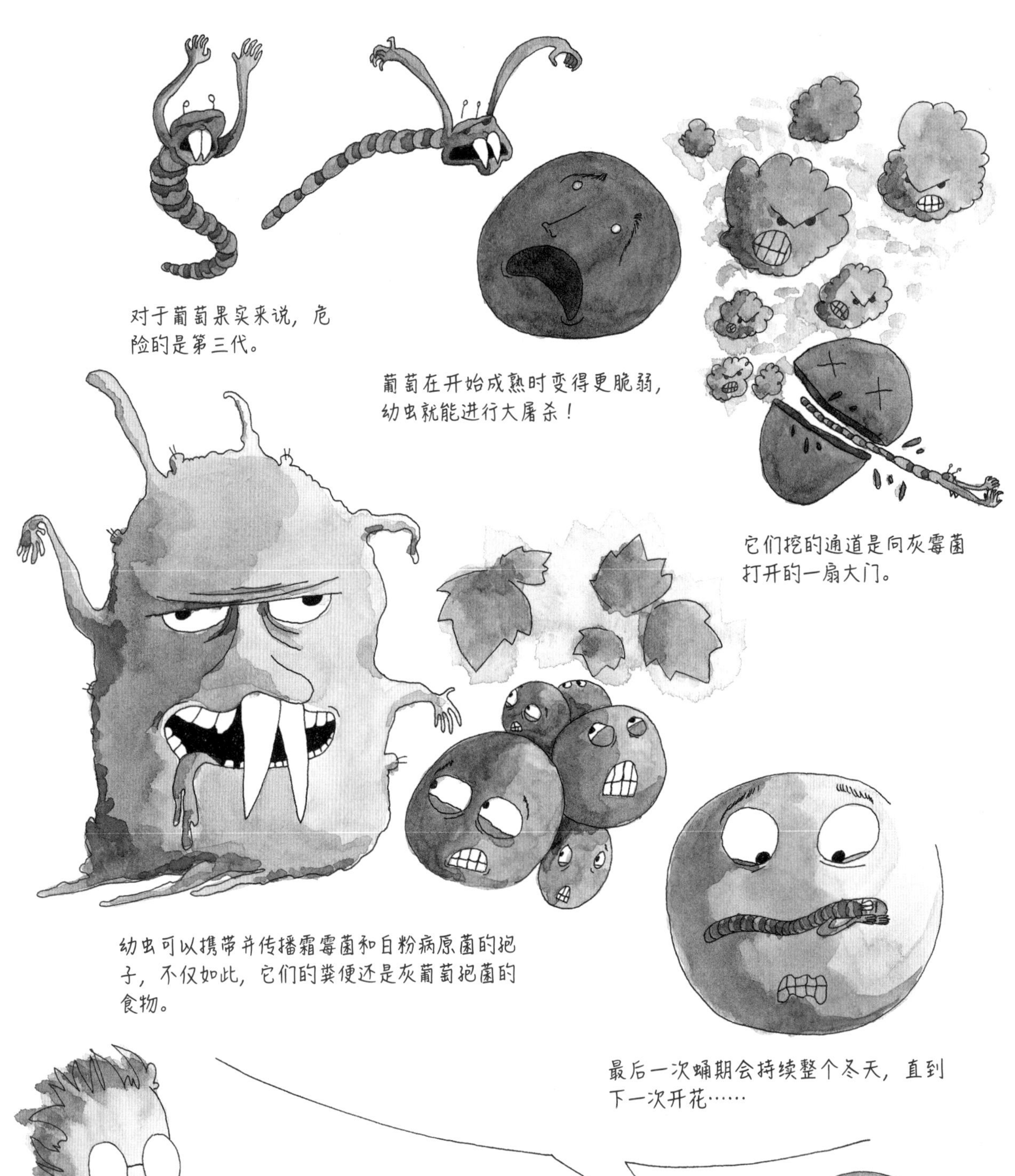
对于葡萄果实来说，危险的是第三代。
葡萄在开始成熟时变得更脆弱，幼虫就能进行大屠杀！
它们挖的通道是向灰霉菌打开的一扇大门。
幼虫可以携带并传播霜霉菌和白粉病原菌的孢子，不仅如此，它们的粪便还是灰葡萄孢菌的食物。
最后一次蛹期会持续整个冬天，直到下一次开花……

葡萄蛀蛾

这是一个让人担忧的问题：寄生虫，特别是葡萄蛾（又叫葡萄蛀蛾）。大部分葡萄酒农会进行喷雾处理，为了确保喷雾覆盖到所有地方，不惜“把葡萄树武装到牙齿”……

这里，米夏埃尔放置了信息素陷阱，用来捕捉将要产下第三代幼虫的葡萄蛀蛾并估算数量。他将这些信息提供给农业公会，帮助那些做喷雾处理的人进行调整，因为太早或太晚喷都是无效的。飞蛾喜欢在晚上飞出来，我们可不能用捕蝶网抓它们——好吧，这是在开玩笑！

用什么办法来对抗寄生虫呢？在与热拉尔相遇后，这位控制植物病害产品的商人向我们阐明了一个巨大市场中的诸多挑战。与西班牙接壤让形势变得更为复杂。在交谈中，我们得知，有些葡萄酒农不满于法国现有的产品，会跨境去购买一些在法国出于安全考虑如今已被禁用的产品。

既然问题出在幼虫身上，
你为什么要放捕飞蛾的陷阱呢？
你不能用这种方式把他们
全捉住吗？
当然不能，但是，我可以更精准地统
计第二代虫子的数量，从而给做
杀虫处理的人提供参考。

你自己不做处理吗？

我不做，在我的葡萄园里有很多小生
命，当危险的幼虫处于“黑头”阶段时，
蜱螨负责对付它们。

就在幼虫准备在浆果上钻孔时，蜱螨会进行一场
大清扫。蜱螨就像陀螺一样，迅速地围着每颗浆
果打转，直到撞上幼虫。

然后，它们就吃掉
幼虫的头！

好啦，我在佳丽酿老藤那儿挂了5个，歌海娜那儿有7个。

得尽快统计出数据。农业公会在7月28日宣布处理方案，飞蛾们还没产卵呢！

农业公会用什么做处理？
苏云金杆菌：这是一种微生物，幼虫钻出卵壳时会吞食它，然后它们的消化系统会被它烧灼。

用它有危险吗？

没有，但是，如果我从蜱螨嘴边夺走食物，它们就会搬家了！

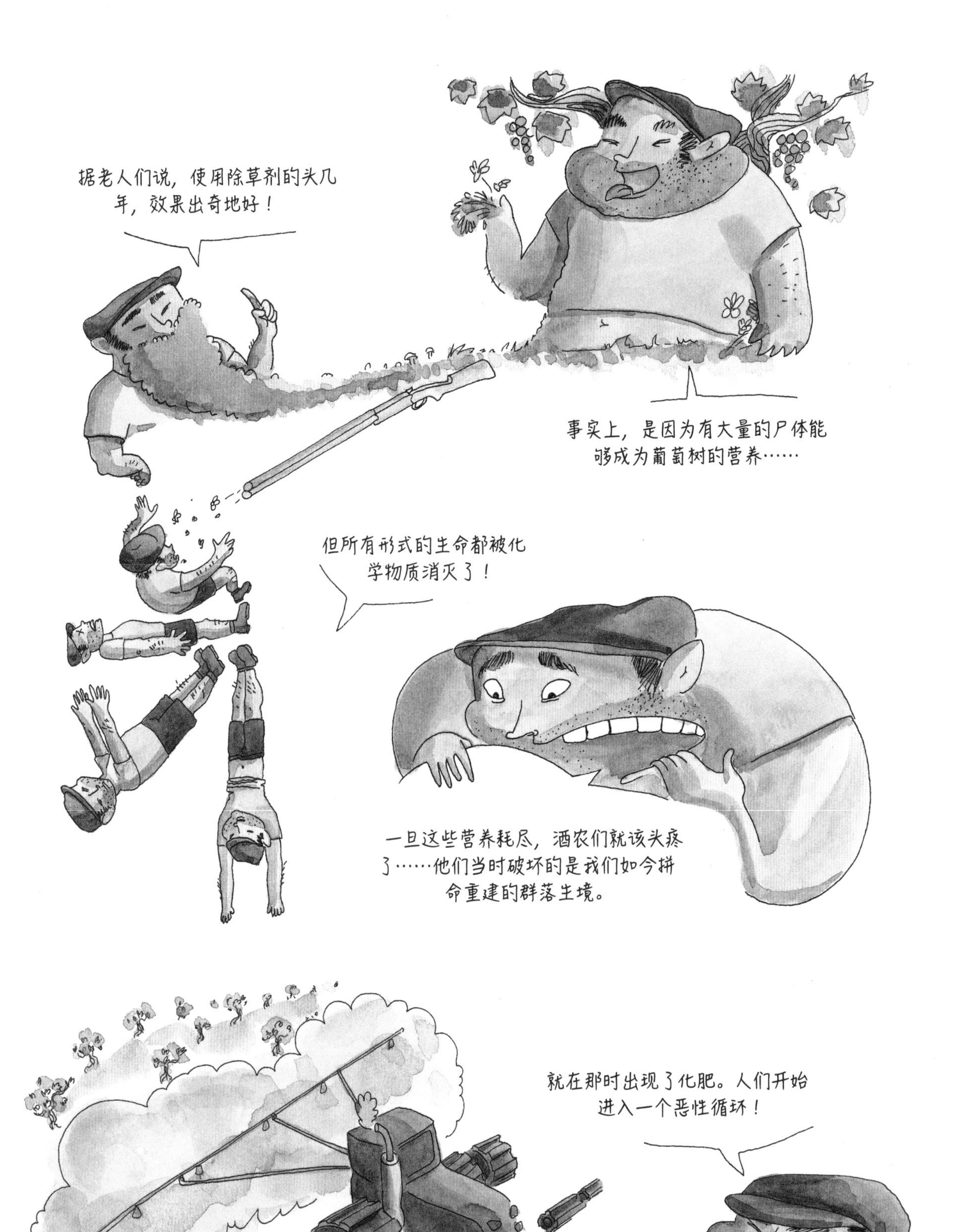
据老人们说，使用除草剂的头几
年，效果出奇地好！
事实上，是因为有大量的尸体能
够成为葡萄树的营养……
但所有形式的生命都被化
学物质消灭了！
一旦这些营养耗尽，酒农们就该头疼
了……他们当时破坏的是我们如今拼
命重建的群落生境。
就在那时出现了化肥。人们开始
进入一个恶性循环！

你好，我是弗勒尔！

你好，我是热拉尔。

我在巴黎销售葡萄酒。
还有鸡肉。

哦，我嘛，卖些蹩脚货。

啊，真的吗？

要实事求是嘛，对不对？

这倒是，但这种自我批评还真少见！

自从上一届格勒内勒环境峰会之后，我们有了目标。好吧，当然，在最后期限之前目标总是可能被修改的，但还是发生了一些变化。

比如？

现在很多产品不能用了。他们禁掉了很多……
此外，销售佣金也被禁止。

佣金？就像医生与制药实验室那样的关系？

完全正确。这是同一个体系，而且，生产药品的大公司通常也生产控制植物病害的产品……

在阿兰·卡斯泰家

卡巴侬葡萄园

东比利牛斯省的特鲁亚斯镇

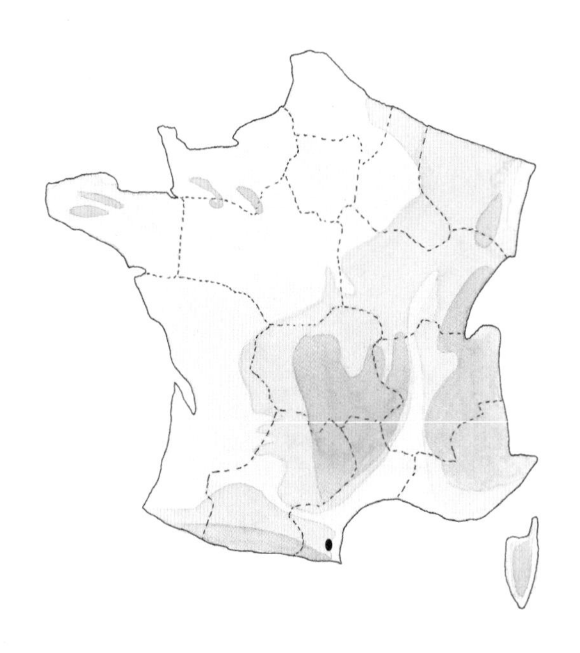

卡斯泰老爹简直是“宝藏老爹”！2015年，他离开耕种了16年的巴尼于尔[1]片岩梯田和卡佐马约葡萄园。现在到了缩减规模的时候，他退隐到了更高的土地上，位于特鲁亚斯的卡巴侬葡萄园——“生存”庄园。

在简述忙碌的生命旅程之后，阿兰向我们讲述他眼中的“伟大风土”，为葡萄树的生长编舞（他也是一位很棒的舞者），向我们介绍古老的嫁接方法——“裂口”。他的讲述始终带着伟大人物特有的谦逊。

为什么要嫁接？19世纪末根瘤蚜入侵后，欧洲的葡萄园毁于一旦。这种来自北美的小昆虫会吞噬葡萄树的根茎，欧洲葡萄对此毫无抵抗力。葡萄酒农们将欧洲品种（Vitis vinifera）嫁接到有抵抗力的美国品种（Vitis rupestris，riparia，labrusca，通常这些品种相互杂交，或与欧洲品种vinifera杂交）之上，抵抗这场史无前例的灾难，这种方法被迅速推广和大规模实施。嫁接技术的工业化让“本土”的手工嫁接工艺被彻底遗忘。

在与酒农的相处中，我们会经常讨论不同的嫁接技术及其优缺点。这一章探讨的是当今葡萄种植业面临的一个主要问题。

1 巴尼于尔（Banyuls），法国南部天然甜葡萄酒的法定产区，位于东比利牛斯省内。

事实上，你以前是修理工，对吗？
汽车修理工，我可以单靠手臂的力量抬起汽车，那时大家都叫我“千斤顶”……

你怎么入行的？
以前，我把葡萄运给合作社，在1981年，我脱离了他们，开始自己在达韦让[1]装瓶，就是科尔比埃山脉[2]那边。

我当时想，既然我种了葡萄，为什么不酿酒呢？

在那时，这个举动可是革命性的。在南部，独立酿酒师不超过20人！

我呢，既是好修理工，也是好酿酒师。但是，我意识到，想要更好，必须拥有好的葡萄。

正巧在那时，我遇见了马克斯·莱格利斯，在一次布吉尼翁夫妇的讨论会期间。这对夫妇当时事业刚起步，刚离开了国家农业研究院[3]。

然后，在1990年，我决定转变成有机种植。

1 达韦让（Davejean），法国奥德省的市镇。

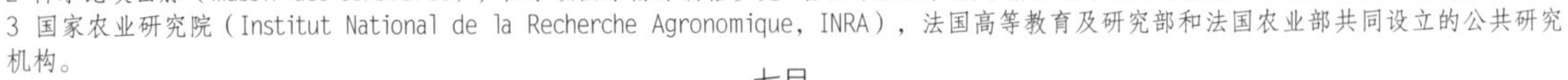
2 科尔比埃山脉（massif des Corbières），位于该国东南部朗格多克－鲁西永大区，属于前比利牛斯山山麓的一部分，东临地中海。
3 国家农业研究院（Institut National de la Recherche Agronomique，INRA），法国高等教育及研究部和法国农业部共同设立的公共研究机构。

之后，你在巴尼于尔安了家？
是的，而且在这里搞有机农业比别处更难！在贫瘠的土地上，使用除草剂是致命的……

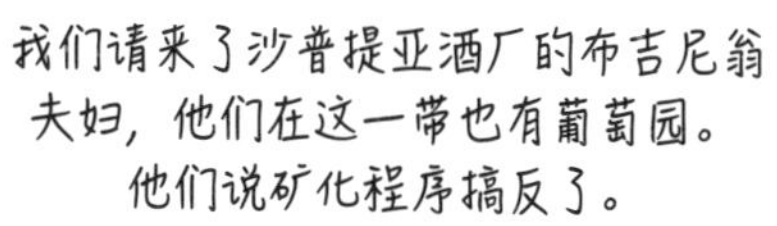
我们请来了沙普提亚酒厂的布吉尼翁夫妇，他们在这一带也有葡萄园。
他们说矿化程序搞反了。

可耕种层被沙漠化了，因为缺乏一个完整的微生物环境，微生物可以分解微量元素，让它们更容易被植物的根吸收。

表层的黏土再次被矿化，变回了岩石。人创造出了沙漠。

人们阻断了土壤的生命进程，因为缺乏微生物，植物不再生长，地势没有了起伏，于是雨也消失了……这就是撒哈拉沙漠的由来。

黏土的絮凝作用终止了。腐殖土是用来絮凝阴阳离子的。最终，黏土又变成了沙子。

这个关于黏土的故事很有趣！此外，片岩和泥灰岩多少有点像！
是的，基础都是黏土。之后就分几种进程，要么是形成花岗岩或玄武岩的熔合作用，要么是褶皱作用……想象一下正在生长的比利牛斯山！
这让我想起了希腊神话，普罗米修斯用黏土塑造人类……
从此人间一片混乱！这里，有过热带雨林，然后是冰河纪……你想想，地球有46亿岁……
是呀，另外，“亚当”在希伯来语里表示“用红土做的”。
看吧，当我们说要多关注地球时，事实上真正需要被拯救的是人类，因为，地球没有我们可以活得好好的！

馥郁的灌木香气：百里香、迷迭香、薰衣草、薄荷……春天时来这里，你会忍不住像蜜蜂一样去采蜜。

你把葡萄修剪得可真美！

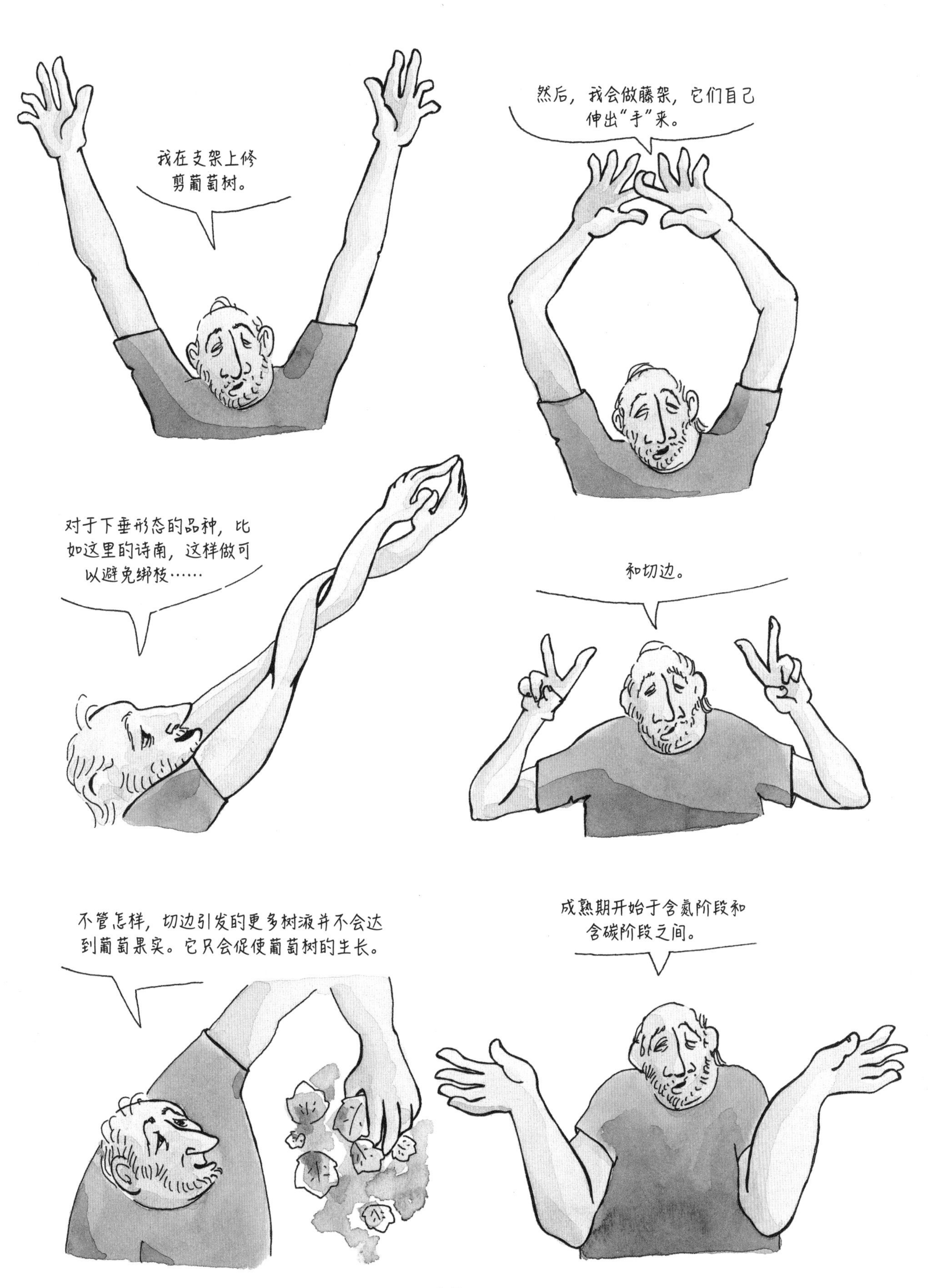
我在支架上修剪葡萄树。
然后，我会做藤架，它们自己伸出“手”来。
对于下垂形态的品种，比如这里的诗南，这样做可以避免绑枝……
和切边。
不管怎样，切边引发的更多树液并不会达到葡萄果实。它只会促使葡萄树的生长。
成熟期开始于含氮阶段和含碳阶段之间。

如果我们切边，就会推迟木头成熟，
最终拖长成熟期。

正常情况下，葡萄开始成熟时，葡萄树
的营养都集中到果实上。

反正，我就是不喜欢绑枝。

从这里往上，是维蒙蒂诺[1]。都是些年轻的葡萄树，正遭受埃斯卡病的困扰。

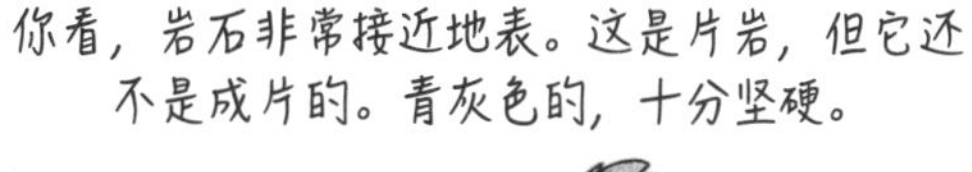

你看，岩石非常接近地表。这是片岩，但它还不是成片的。青灰色的，十分坚硬。

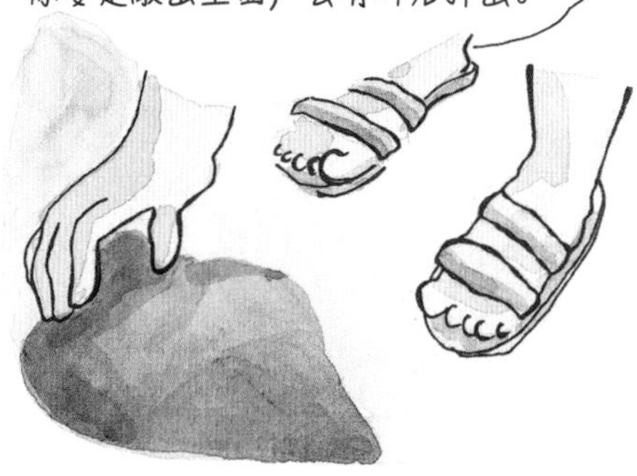

你要是敲击里面，会有碎石弹出。

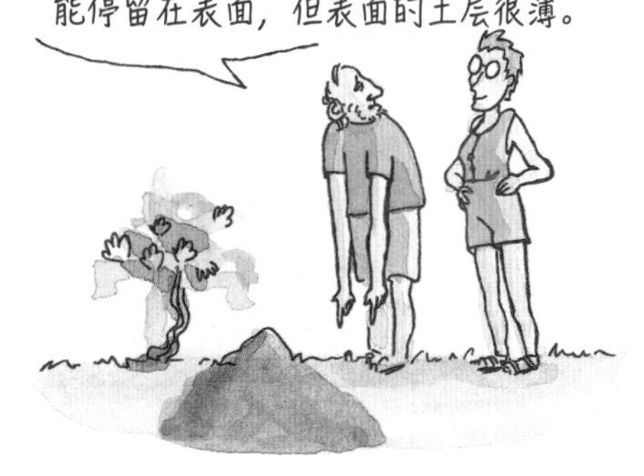

之后，葡萄根会找到缝隙深入地下。不然它只能停留在表面，但表面的土层很薄。

再加上天气炎热，叶子掉落，葡萄串失去水分……根部就会突然死去。

这是埃斯卡病来势迅猛的一种表现。

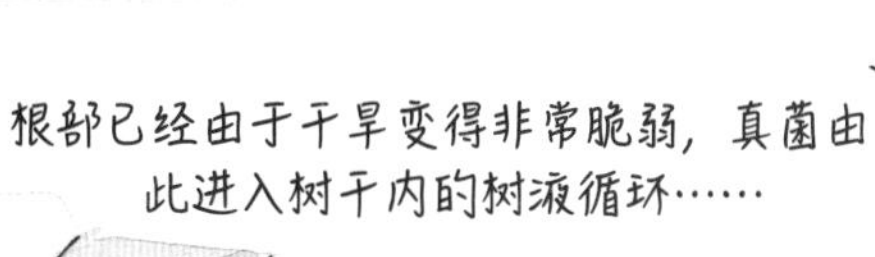
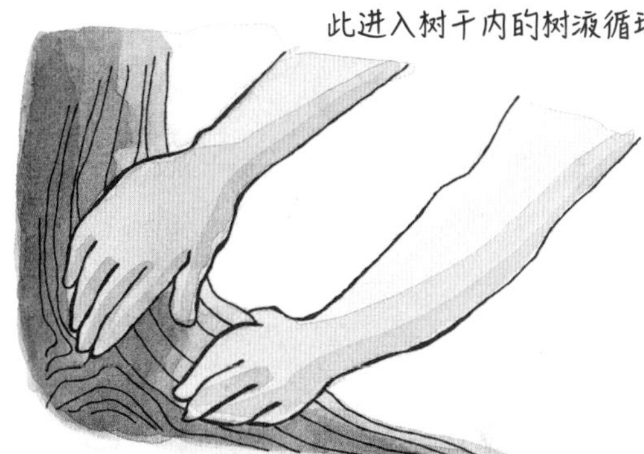

根部已经由于干旱变得非常脆弱，真菌由此进入树干内的树液循环……

然后，啪！

1 维蒙蒂诺（Vermentino），原产自意大利的白葡萄品种。

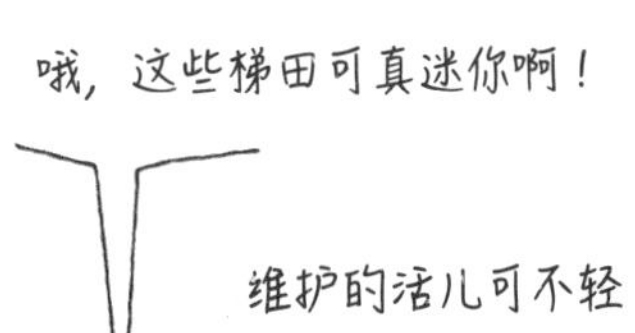

哦，这些梯田可真迷你啊！

维护的活儿可不轻！

没有地方开拖拉机，现在总算明白为啥了！
看到才能相信！

这里的灰歌海娜1，你切边了！
如果必须切，我就切。

好在我们不是经常需要这么做。但有时这是必要的，为了给葡萄果实腾出空间和通风。

不能让它们被风缠绕在一起。

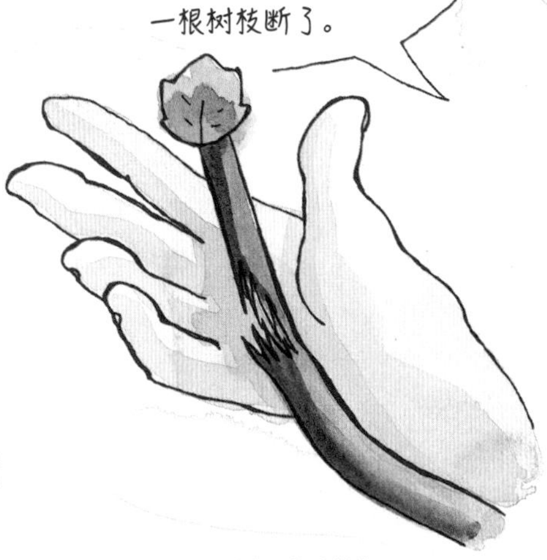

这儿，你看，这是风的缘故。一根树枝断了。

1 灰歌海娜，源自法国的葡萄品种，歌海娜的一个分支品种，喜弱酸的沙砾土，抗干旱和大风，一般用于酿造天然甜葡萄酒。

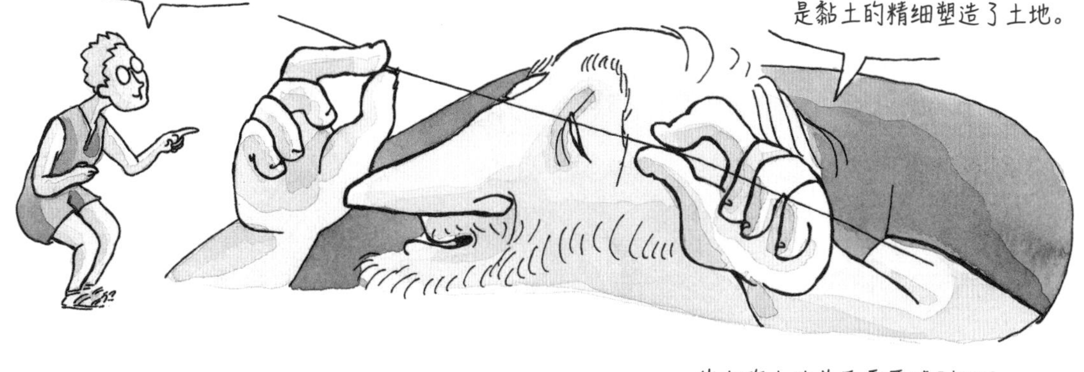
你觉得什么是“伟大的风土”？
是黏土的精细塑造了土地。

它锁住水分，它有保持凉爽的能力。
伟大的土地并不需要特别肥沃，真正重要的是营养的供给不能中断。

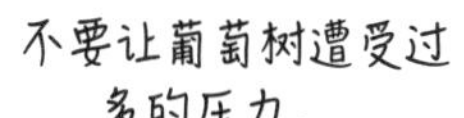

不要让葡萄树遭受过多的压力。

这里，尽管有坚硬的片岩，但在石板之间，还有非常细腻的黏土层。

这些都能起到储备的作用。供给不中断。

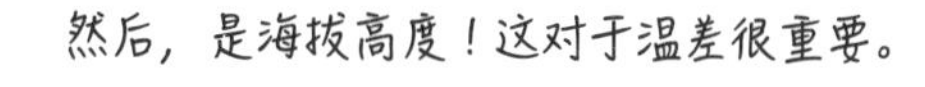
然后，是海拔高度！这对于温差很重要。

嫁接，我是直接在园里做。
我先把美国种砧木植入土中，等它的根系充分生长开。
我采用切缝嫁接。
但是，如果你弄砸了怎么办？
呃，一般而言，都会成功的……
不过，有时，如果真的失败了，你可以把砧木切短一点重新嫁接。因为根已经长牢固了，树干根部是很有活力的！
这样，砧木就会在两三年的时间里集中向植株和根茎提供营养。
我向巴尼于尔的老人买葡萄树时，他向我展示了切缝嫁接法。我本来是绝不敢这样做的。

在酿了34年酒以后，对于你而言，酿造新的年份的酒是什么感觉？你会更从容吗？

不，并非如此……今年有很多新情况。新的酒窖，新的项目……采收让我压力很大，之后会好一些。
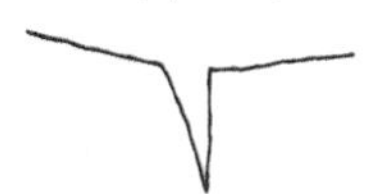

没错，我是做了很长时间，但仍没有多少把握。别人常跟我说“你应该去做咨询”，可是，我知道得越多，也就越知道自己的无知！

在西里尔·法勒家

红喉酒庄

东比利牛斯省的拉图德弗朗克镇

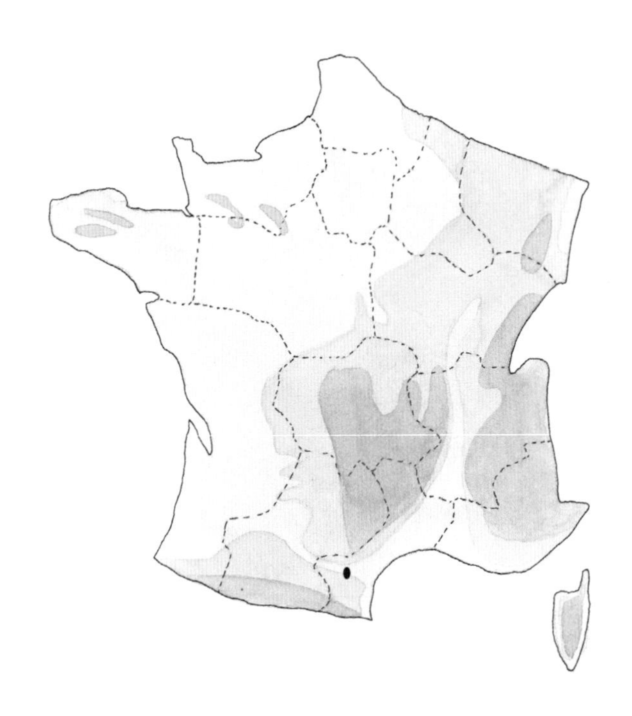

三位“大神”让我们懂得马卡白葡萄。西里尔·法勒使我们对这个变幻莫测的葡萄品种产生“致命”的激情，阿兰·卡斯泰则加重了我们对它的迷恋，最终米夏埃尔·若尔热让我们对它上了瘾。

他们三位都在鲁西隆[1]，不仅拥有很多共同点，也有很多独特的、互补的观点。总之，我们拉上阿兰一起重新北上，来到了西里尔的家——阿格利河谷[2]。

靠自己的双臂和卡车，他独自一人在那里安了家。最初，他睡在葡萄园里。看到他所修建的一切时，我们都震惊了；他甚至用十字镐在山阴修建了梯田！

我们上了一堂很实用的嫁接课（这个话题永远说不完！），顺带参加了一个小型学术会议，讨论土壤的酸碱度、平衡与不平衡的概念。这些葡萄酒农可真是高手啊……我们还就南部面临的一个重要问题进行了交流：在葡萄通常含有高糖分且有时果渣过于黏稠的情况下，如何在葡萄酒中保留清爽的口感？

请您抓紧，知识点很多！

1 鲁西隆（Roussillon），法国市镇，位于普罗旺斯–阿尔卑斯–蓝色海岸大区的沃克吕兹省。
2 阿格利河谷（Vallée de l'Agly），法国地区，位于东比利牛斯省北部。

顶端优势和梢端优先的现象使得葡萄树优先将树液输送到它的枝蔓终端，这是藤本植物的特点。采用罗亚绳式剪枝法，中间的小枝将得到较少的营养。再加上水压的作用，树液运输的通道将受到磨损，好吧，损害来了！还有很多可能产生的其他不良反应，我就不跟你一一列举了……相反，杯式剪枝法却能尊重葡萄作为藤本植物的原始特性，尽可能地允许它的每一根枝蔓都充分生长。

罗亚绳式剪枝法，会让树液的运输路径变得太长，枝蔓生长得不好。

杯式剪枝法，则每条枝蔓都跟树干相连。
画出来就明白多了。
哈哈哈，这样啊！

直接在园里切缝嫁接。
1
2

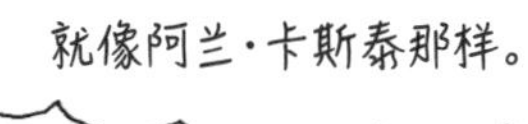
就像阿兰·卡斯泰那样。

还有嵌木芽接。
1
2

嫁接成功与否取决于几个因素。其中并不只有“绑扎”，这只占5%的工作量。要知道，挑选的砧木质量、保存条件、补水状况、砧木类型和是否有活力，以及当年春季的特点、嫁接期的温度与月亮圆缺，都是需要考虑的因素。最理想的时机是在一个凉爽的春季，土壤湿润，月亮由缺转圆时。

真正会嫁接的酒农不到1%，而嫁接却是葡萄种植的基础！它是关键，因为它给了你实现多样化的自由：如果你的邻居有一株漂亮的葡萄，你可以取一小截用来嫁接……

那边的家伙，买了20公顷地。他本人从不现身，雇了一个廉价团队来打理。他们什么也没做，什么都不打算做！他有一个“生物动力法顾问”，作为保障和商业卖点。

我可是烦透了！因为我一耕地，风一吹，窄叶黄菀的种子都吹到我地里来了！

而且，我只是用圆盘犁稍稍翻地，但是如果时机不对……就会唤醒休眠的种子：藜属和苋属植物……

你怎么知道什么时候适合耕地呢？

哇哦，这个问题可以聊一辈子！它涉及很多因素：气候学、土壤湿度、温度、天体的影响……

我的片麻岩有锰离子的问题，会导致土壤活性下降。土壤太酸，锰离子变得易溶解，会生成有毒物。所以葡萄树不会把根伸到土壤深处，它们不傻……
是什么加重了土壤的酸化呢？

有可能是因为化学反应让土壤结构不佳，产生风化现象。由于缺乏氧气，钙流失了，土壤会变得很酸。

因此有时，我们得知道分辨哪种元素缺失了，然后补充一点钙或者其他元素。采用有机种植方式的人是很受限制的：他们被禁止使用熟石灰，可是小剂量就会产生更好的效果！他们在土壤中放入磨碎的生石灰，使它发生水解作用变成熟石灰。这个过程需要好几年时间，特别是在我们这种不下雨的地方……
钙（Ca）与氧气结合生成氧化钙（CaO），然后水解成氢氧化钙[$Ca(OH)_2$]，同时释放出钙离子（Ca_2+）为植物提供养分。

我们有石灰藻，就不会有这个问题！
那倒是，但不少阿尔萨斯酒农发现那会使葡萄容易得病。
LITHOTHAMNE
=
ALGUE
ROUGE

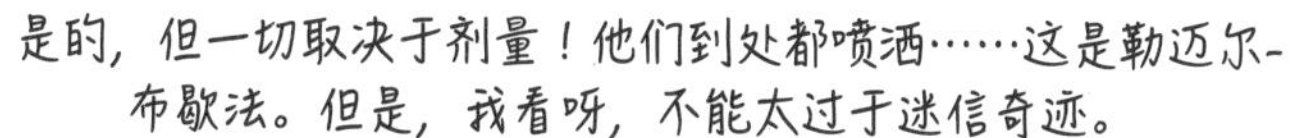
是的，但一切取决于剂量！他们到处都喷洒……这是勒迈尔-布歇法。但是，我看呀，不能太过于迷信奇迹。

起初，在山阴，我采用的是传统方法。施用优质的堆肥，给土壤增添养分，提高它的活力……通常情况下，这种方法有效，很多东西会自然而然地恢复平衡。这对于80%的土地是起作用的：葡萄树生长得很漂亮，有活力，而且酿出的酒很好。

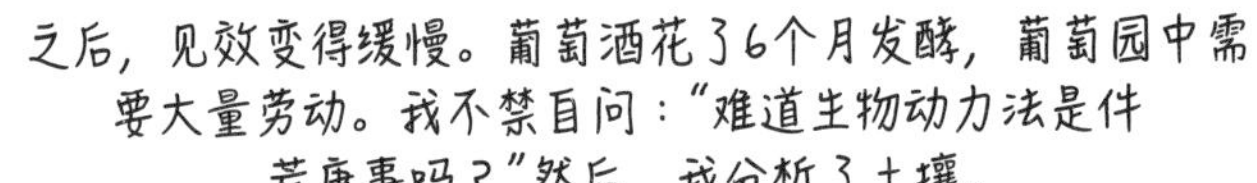
之后，见效变得缓慢。葡萄酒花了6个月发酵，葡萄园中需要大量劳动。我不禁自问："难道生物动力法是件荒唐事吗？"然后，我分析了土壤。

这里看起来是片麻岩，但磷含量比别处高了4倍。
磷吸收有机物的速度要快得多。这通常是高贵土地的标志。
但是，它使得土壤有点像"F1赛车"，活力过剩……而且还会造成缺锌。
锌是养分与根须之间的桥梁，可以有利于吸收。

这一点，我是想不到的，真的只能靠分析！一旦重新建立平衡，很多事情就迎刃而解了。比如，以前成熟期要多10天，而现在我在同一时间采摘所有葡萄。

你关于磷和高贵土地的说法很有趣！
在巴尼于尔也有不少磷，不是吗？

是的，但是那里还有锰和铁。它们会
给葡萄酒带来咸味。
这很有意思，把土壤中的矿物元
素与口感联系起来。

弗朗西斯·沙布苏的著作揭示出有些分子类型会延迟光合作用，库西尼耶家受到启发，找到一个好办法。
如果光合作用生产出的糖在植物体内的循环变差，转换成蛋白质的速度变慢。植物会更容易受到病害攻击，因为它体内没有足够的糖在循环，这就造成了一个缺口……
沙布苏证实可以靠补充矿物质来暂时应对这个问题。

病害本身被视为一种问题，人们试着去消灭它。但是，病害
首先是失调的信号，是报警器！

这里，8年前我拔掉了葡萄树。地表尽是石头，没有腐殖土。
我花了6年时间种绿肥（一层之后会被埋掉的植被），是我兄弟给我的谷物种子，他是磨坊主。
这些绿肥就是粮食和豆类作物的混合物：燕麦、苜蓿和野豌豆。
豆类作物会制造氮，为粮食作物提供养分，它们为你创造了一个庞大的生物量[1]。
我只需要重新播种一次。之后，我们再用圆盘犁翻耕一次，它们就会自我繁殖了。
6年后，有机物的含量从0.4%提升到了2%！这相当于100吨新鲜的有机材料。

1 生物量是生态学术语，指某一时刻单位面积内实存生活的有机物质的干重（包括生物体内所存食物的重量）总量。

豆类作物很有意思：它们抓住空气中的
氮，然后将氮释放到土壤中。

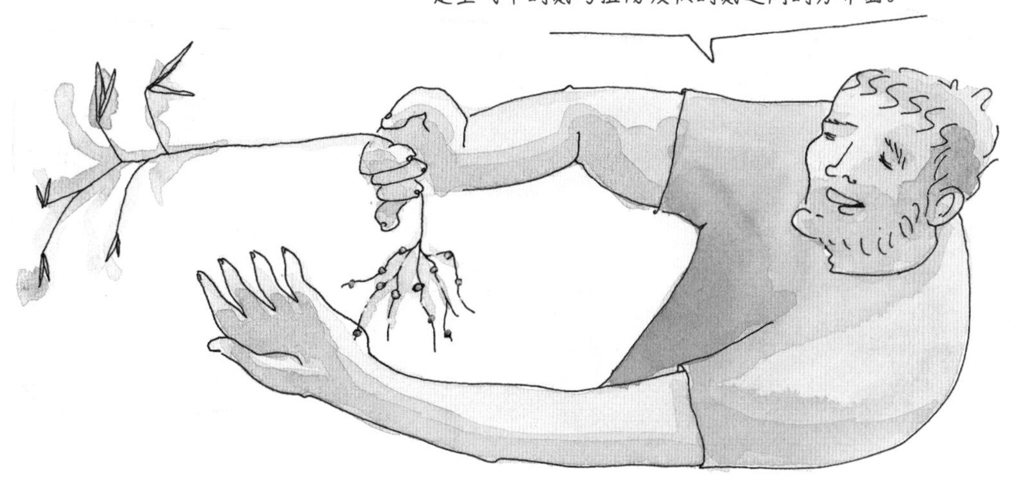
这些是小小的细菌袋（固氮菌），它们与豆类作物的根共生，
是空气中的氮与植物吸收的氮之间的分界面。

太棒了，就是说，豆类作物蓄养了一小
群细菌，让它们义务劳动！

豆类作物是一个很大的家族，金合欢
属植物也是其中一种。

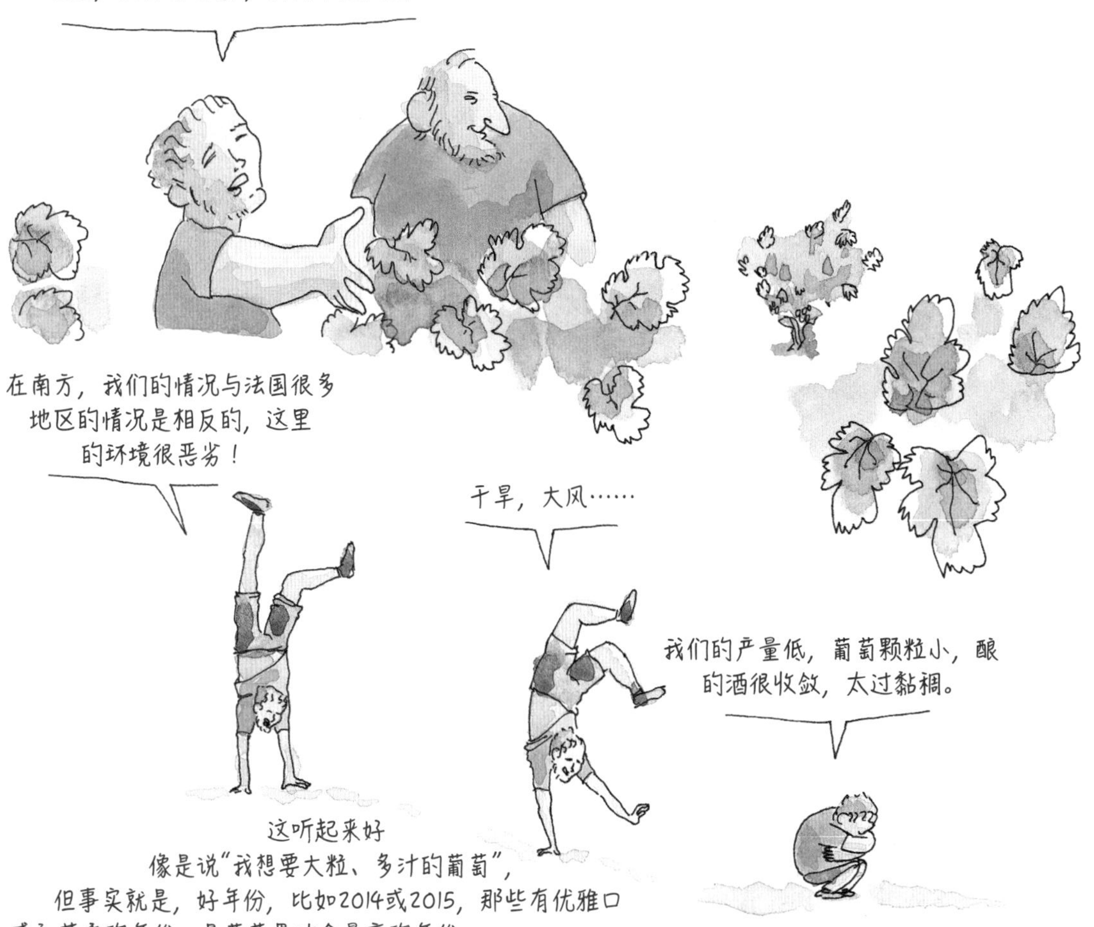

这里，我种了神索[1]，种得不是很密。
在南方，我们的情况与法国很多地区的情况是相反的，这里的环境很恶劣！
干旱，大风……
我们的产量低，葡萄颗粒小，酿的酒很收敛，太过黏稠。

这听起来好像是说"我想要大粒、多汁的葡萄"，但事实就是，好年份，比如2014或2015，那些有优雅口感和花香的年份，是葡萄果汁含量高的年份。

确实，我们面对的病害压力比北方地区的要小些。但是，让葡萄生长，那是另外一回事儿了！其他大部分的葡萄园只消抑制葡萄生长的旺势，我们则相反；如果你的土壤不给力，你的葡萄酒就不会发酵！

1 神索（Cinsault），法国南部高产红葡萄品种，适宜酿造清新口感的酒。

我用镐翻动大块的黑麦草。这些
蝶形的大块就是草垫子。

但是，我没法用镐翻动全部的7公顷
葡萄园，于是我就轮番耕作，
尽可能都照顾到。

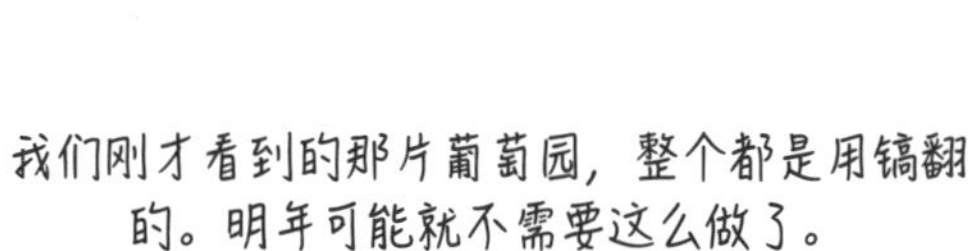

我们刚才看到的那片葡萄园，整个都是用镐翻
的。明年可能就不需要这么做了。

机，你怎么看？

在这里，对于氮的任何一点小竞争都可能造成麻烦。如果你种的植物，或
者树，与葡萄处于同步期，就是说与葡萄同时生长，它们会同时吸收大量的
氮……应该在它们的生长期快结束时再开始葡萄的生长期。

如果春季生长期缺氮，你在葡萄果汁中能察觉到。
发酵反应停滞不前。对于“天然葡萄酒”而言，这是个严重的问题。
要想办法建立平衡，这是在采摘后播种的原因。
这样，当春天来临时，植物已经开花，在第一缕阳光的照耀下，它们就凋谢了。
这时，你用滚筒轧一遍，可以说无懈可击。

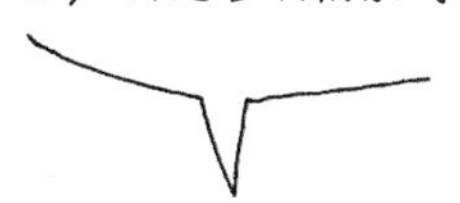
说到山阴，我刚来这时，以为在北坡种植会更好，因为凉爽有好处。但事实上，产量特别低，葡萄树很遭罪，你也很痛苦……之后，酿出的酒对你是一种奖赏。但是现在，我更喜欢朝东的山坡。

种植的方向，如果你能选择，就选东西向！

在安德里厄家

芳汀庄园

埃罗省卡布勒罗莱镇

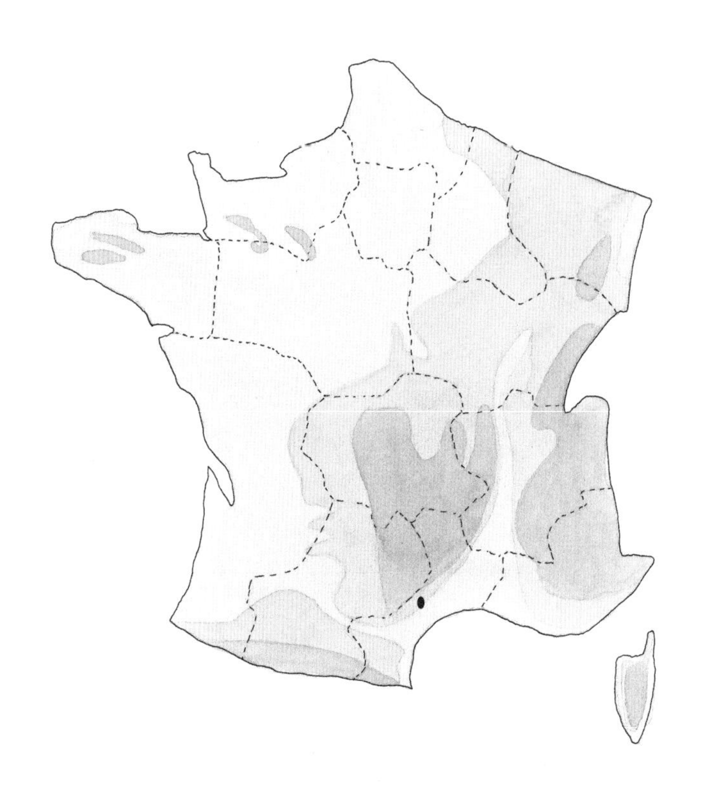

告别了加泰罗尼亚语地区[1]，我们来到了利基埃小村庄，位于朗格多克的福热尔法定产区的葡萄园山坡上。

卡罗莱、科琳娜和奥利维耶一起工作，他们优势互补，简直是天生的搭档。这三姐弟接管了父辈的庄园，各自的性格特点促使他们从不同视角去思考关于葡萄园和生活的问题——这一切本就息息相关。每走出一步都是在直觉与实用主义之间寻找折中的办法，都是他们三人共同思考的结果！

在蓝色片岩上散步时，我们遇见了摆脱绑枝的西拉，被黑腐病折磨得精疲力竭的歌海娜……有些措施可以采取，有些状况只能接受！我们在谈话间无意中聊到，在植物领域，根据土地的资源和限制，各项法则会有很大的区别。但请注意，一切都是认识角度的问题……

1 加泰罗尼亚语地区（catalan），法国南部的鲁西隆地区历史上曾为西班牙加泰罗尼亚的一部分。

我们祝福了葡萄园……

我们在幼虫攻击葡萄果实前开始采摘。
除了歌海娜，我们还中过一次招。
如果我们太晚采收，葡萄酒的酒精度就太高了。
从1998年开始，我们就不再使用铜了。以前，我们用它对抗霜霉病。

对啦，你记得去年那些漂亮的歌海娜吗？

当然，我们回来的时候，什么都不剩了！黑腐病吃光了一切……

于是，今年我们采取了措施：蕨类发酵液和一点铜。
喷洒在刚才说的那些歌海娜上。

结果，这个办法生效了！

但是，我们真的尽量避免采取措施。
我们从小被教育要尊重生命、尊重人。

大自然，对我来说，代表了一个社会。

这是更好地理解人类的一种方式。

更好地理解人与自然的联结。

在年轻时的起步阶段，我们寻求物质。
现在，我们跟随思想，但是，我们不行动，而是交给自然。

不，我不赞同。
好吧，我弄错了……

我们不会任其发展，我们不是沉思者。

我们是陪伴者。

对啦，就是这样，主要是监督。

有时候，大自然给予你的，是迎面一记
重击。你必须行动！再行动！

这一片庄园，也是我们家族的历史。
我们起步时背负着很重的债务。
因此，我们必须互相帮助，要不我们团结在一起，
要不就有人离开，然后大家都完蛋！
这给了我们很大的压力和动力。烦琐的行政手续，雇用人的问题……
32公顷，面积可不小，我们只有三个人，所以不是那么一帆风顺！

那些，是西拉吗？
是的，我们不喜欢绑枝线，就都拿掉了。

是的，绑枝不是我们会做的事儿。
绑线，想都别想！
哎？人们不是一直说不绑是不行的吗？由于形态的原因：竖直的、半竖直的、匍匐的……西拉是匍匐生长的吧，不是吗？

是的，但是你看，我们给予了它自由。它也能长得很好！
而且，当我们修剪葡萄枝的时候，有一种我们难以舍弃的自由……

我们每个人都有自己特别的修剪方式，有时是方形的，有时是圆形……类似于跟着直觉走吧！

当我们不得不保持整齐的行列时，那就是长线，很长……！

这些大型的草也有它们自己的使命。

它们的主根可以使土壤松动、通风……
只需要清理灌木丛，就成啦！

比如荆棘，它们可以分泌一种酶来软化岩石，使根茎更容易通过。
各司其职！

我看到有的葡萄园里，入侵植物真的很成问题！

是的，奥利维耶用镐铲除这些植物，但繁殖得很快……当他被折磨得筋疲力尽时，他就会焦虑不安……

啊，那儿，你看见了吗？那棵橡树，占了好大一片地方！
是的，那里有一场争夺赛，十分激烈……但是，没关系，它还是挺美的！

哎呀呀，真的有好多黑腐霉斑呢！
看起来像霜霉病斑，只是边缘有一条黑线。

是呀，这真是场灾难……在这里，喷洒蕨类发酵液和铜溶液都没有用。真可惜，都结好多果了。
本应该是一个好年份。

退一步讲，也不太碍事，因为黑腐霉是没有味道的。

我们要停止在葡萄园的土地上碾轧葡萄枝蔓，应该把它们烧掉。
而且要耕地！

但是，我原以为，为了不影响土壤活力，你们已经不再耕地了。

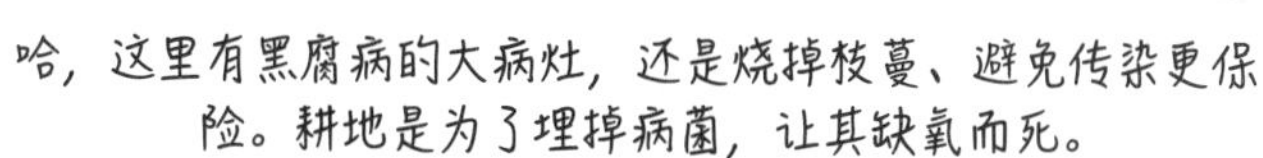

哈，这里有黑腐病的大病灶，还是烧掉枝蔓、避免传染更保险。耕地是为了埋掉病菌，让其缺氧而死。

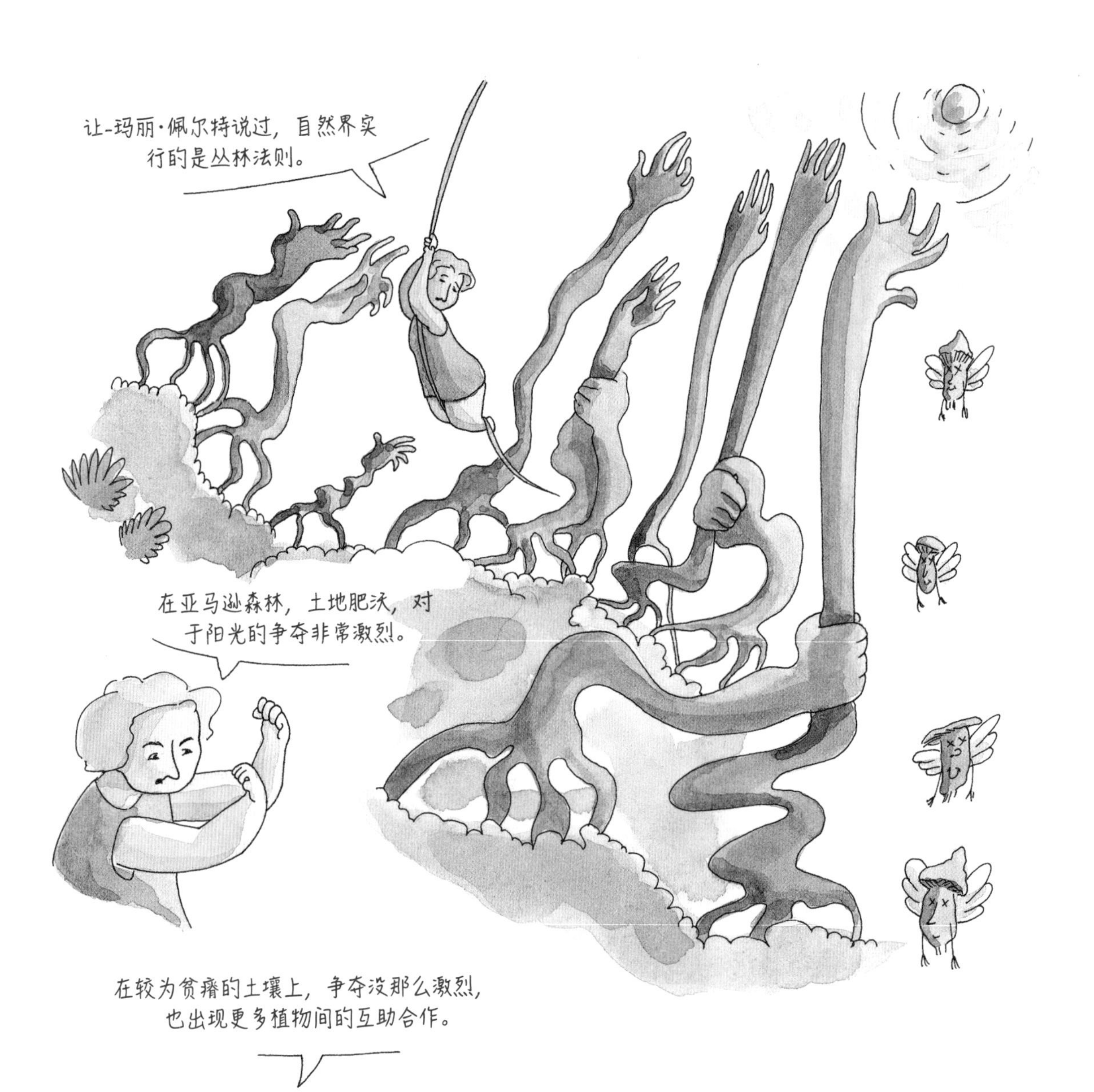
让-玛丽·佩尔特说过，自然界实行的是丛林法则。
在亚马逊森林，土地肥沃，对于阳光的争夺非常激烈。
在较为贫瘠的土壤上，争夺没那么激烈，也出现更多植物间的互助合作。

在缺乏镁的土地上，有些菌类会让自己死去，把镁元素让给植物。

植物有直觉吗？
我们不知道。但是，举个例子，菌类对于葡萄来说是个问题：霜霉菌、粉孢菌等；同时，它们又提供了解决方案：没有酵母菌就没有葡萄酒。

万物有毒，无物有毒？

万物和无物，就是这样的！

这薄荷闻起来真香！

你觉得香料植物也会对葡萄酒产生影响吗？

你看到葡萄表面的那层薄膜了吗？
果霜吗？

是的，那是脂肪酸，能锁住所有的挥发物。

有一次，那是实习的时候，我工作的葡萄园旁边有一个废品站，他们焚烧垃圾。然后，葡萄酒就有股烟味儿……

总而言之，能三个人一起工作是非常幸运的事情。每个人身边，都有不止一个人来鼓舞他的士气……不然，我们永远也做不到这一切！

在杰罗姆·加洛家

绿色农场

塔恩省的卡斯泰尔诺德蒙特米拉

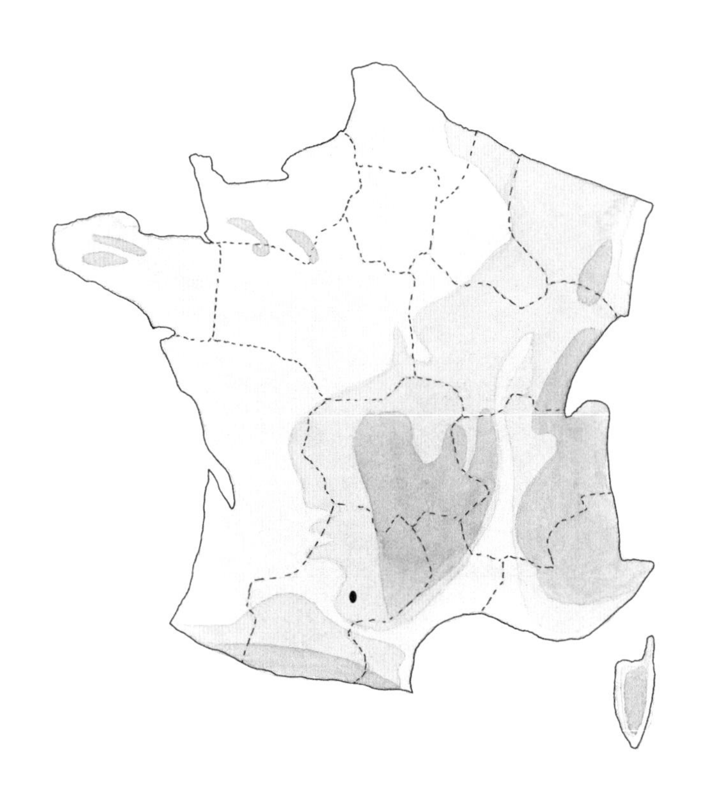

绿色农场有一个美丽的名字，位于格雷西尼森林的边缘，当地人总说方言。杰罗姆的祖母告诉我们，下雨的时候，“撒盐在溜雪”（砂岩在流血），把河水都染成了红色，也说明了这块既热情又神秘的土地的名字来源。

杰罗姆不仅珍视他的根和文化遗产（在他之前已经有四代人），也保有他这个年纪的开放态度和好奇心。因此，他会毫不犹豫地质疑学院派教育，并将其与先人们的实践相对照，或者条理清晰地分析“500”生物动力制剂，对知其然而不知其所以然的做法大光其火。大自然是多么神秘，让我们杜绝教条思想……还有，农场里的牛既不是不可触碰的圣牛，也不是任人压榨的奶牛！

是的，非常安静。
这些牛，它们真温和！

牛告诉我植物的状况。我们对动物比对植物更敏感。
一株葡萄树，你修剪坏了，它会表达出来，但是它的表达方式有时很让人费解。
但是，一头牛，如果你弄疼它了，你很快就会知道！
如果没有这些牛，我就得花更多时间去亲近我的葡萄树。工作时，比起遵循理论，我更多是跟着直觉和经验走。

在采用杯式剪枝的葡萄树上会有结果短枝，它们将变成木质的，上面留一些芽眼。

其他到处生长的枝丫，我将它们剪到最短。

我是从树木上发现这一点的。如果你割断树枝时还留下一小截，树皮会努力去盖住创口，但又盖不住。这样会无谓地消耗掉树木太多精力。

如果你割得平平的，两年后，创口就愈合了，再也没烦恼！

这是伊雷内爷爷教我的老办法，我用实践检验过。但是在学校时，如果你剪得平平的，就会被责骂！到处都得留一个他们所谓的“干燥锥体”。
ANE

之后，要人们违背在学校学习的知识是很难的。但是，打个比方，如果有人来为你剪枝，你向他解释了为什么想要剪平而不是留一个锥体后，他会干得更好。

你用什么品种做砧木？
一小部分用的是费尔佳，大部分是3309号，它最初是通过与欧洲葡萄杂交得来的。

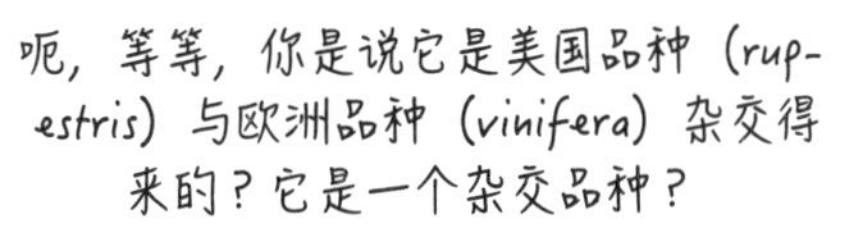

呃，等等，你是说它是美国品种（rupestris）与欧洲品种（vinifera）杂交得来的？它是一个杂交品种？

是的！但是，对缺绿病最有抵抗力的，是欧洲品种砧木！之后就变成了冒险，你尽管种葡萄，可根瘤蚜一直都在那儿……不过，有些根瘤蚜虫害爆发时幸存的葡萄树还活得好好的！

那些美国品种，好好想想，它们所在国家的土壤比我们的年轻得多！

在这边的格雷西尼森林里，土壤形成于古生代，我们有所谓的欧洲野葡萄，是已知的欧洲品种的先祖。

于是，我们就想是不是应该尝试用它做砧木，因为它是当地野生的品种，对根瘤蚜也不在乎……我们和普拉若庄园一起，请来了利利安·贝里隆[1]！看看会有什么效果吧……

1 利利安·贝里隆（Lilian Berillon），葡萄苗木培养专家。

好像种植税已经没有了？
嗯，正式取消了。以前，你得要去争取，才能在8年之间收到退税。

到2025年种植税就会完全取消。但是，从2016年起，你必须拿到欧盟颁发的种植许可。如果他们宣布盖亚克产区的葡萄园有权以每年3%的幅度扩建，

那么，我就会说："啊，我明年需要种植一公顷葡萄园。"然后就是碰运气了，我的请求会递交给委员会……这就要想点子，搞商业了……

我实在搞不懂，像香槟产区那样的葡萄园怎么都不出声。这是一桩交易！在这里，种植税很低，每公顷才800欧元，但在北边，数目可不小！

这个呢，是做什么的？
啊，那是从砧木生出来的徒长枝，我在做试验，所以没有把它们摘掉。看看上面的葡萄藤生命力多旺盛啊！

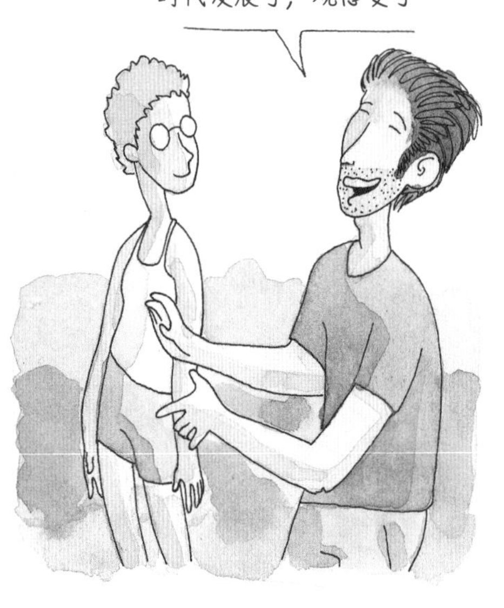
大部分酒农会跟你说这样不好，因为它们会汲取葡萄树干根部的养分。放在几十年前，大家也许会鄙视我。葡萄园中的杂草和汲取主干汁液的徒长枝！但是，时代发展了，观念变了……

而且，你不害怕尝试新事物！
在普拉若庄园15年的工作经验给了我很大的帮助。贝尔纳真的给予了我很大的信任。

作为一个种植者，你确实很孤独，别人的眼光会产生很重大的影响。正因如此，在这个领域，恐惧限制了很多事物的发展。

有一天，一个朋友跟我说，他在葡萄树下施了除草剂，但在内心深处，他并不想这样做。好吧，于是那一次就成了他最后一次那么做，因为他的直觉变得更强大，战胜了“别人会怎么说”的想法！

我祖母以前总说：“如果你不耕作土地，格雷西尼森林就会大步逼近。”
你看，我们是在与森林斗争，我被白蜡树入侵了。那些小树是目击证人，它们最先感染上白粉病，全都变白了。用铁镐把它们铲除掉可真是个力气活儿啊！

那这些，就只用了一年？
6个月……
哇哦！
我准备尝试用乳清，看看效果如何。因为乳清是酸性的，应该可以消灭它们。

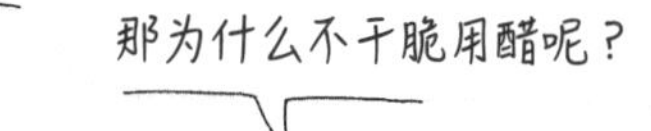

那为什么不干脆用醋呢？

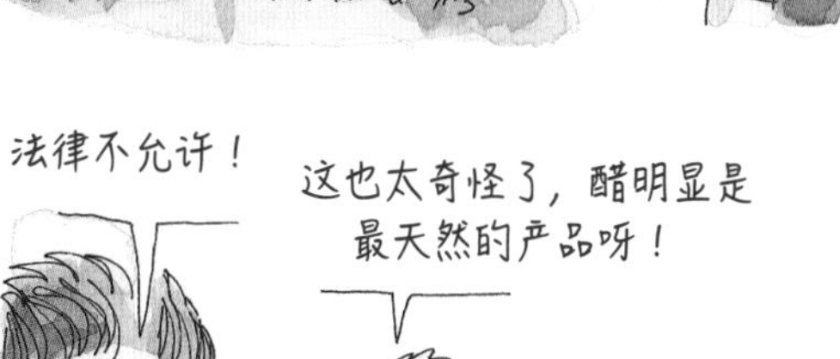

法律不允许！
这也太奇怪了，醋明显是最天然的产品呀！

呵呵，是呀，这种风格的矛盾可多着呢！我可以在葡萄园使用农达[1]除草剂，只要我向他们展示控制植物病害的药柜，证明一切运转良好，他们就会感到满意，因为我遵守了法律。

相反，如果我跟他们说我使用了醋酸，那么，先生！采收的葡萄会被征购并送去蒸馏厂……

1 农达（Roundup®），美国著名除草剂商标，是一种有机磷除草剂。

你也用生物动力制剂吗？
比如牛角粪肥？
用，但只是在牛棚里以我的方式来做。我不太喜欢它的功效被神秘化。
总之，我对什么都要寻根究底。我在牧草上做试验。显而易见，有什么东西生效了。但是，我自己需要弄明白它生效的原理。
那人们为什么要用牛角？
因为它的形状？
我认为，它就是个容器而已，用起来很方便。在他们刚开始用牛角粪肥的年代，应该也没有其他能在地里埋6个月都不变质的东西可选吧。
然后，为什么要把它埋在土里？
为了做堆肥？让它保持新鲜？
如果你往地下挖得够深，你会获得13℃至14℃的恒温。所以，你拿上你的牛角容器，在里面装入牛粪，把它放在恒定的温度中。

为什么要用牛粪，而不用羊或其他动物的粪便？
因为牛粪的水分更多！
牛有好几个胃，还有超级长的肠子。它们的消化系统是一个真正的降解物质的工厂，刚排出的粪便富含微生物群！如果我们让它这样发酵6个月，生命就会疯狂地繁殖。

为什么我们要在春天施肥？
因为那是万物生长的季节！

这个时候施肥优点和缺点并存。因为，如果你向植物传递应该拼命生长的信息，而你的土壤却没有得到补给，所有营养元素都被锁定在紧密的黏土中，那么，你施肥也没用……

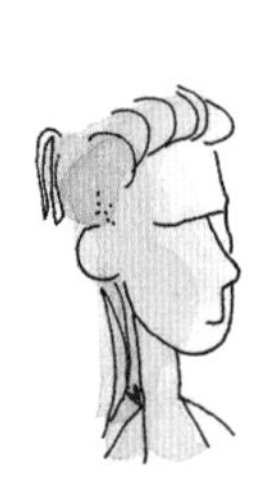

这就是我发挥作用的时候。我认为，当你对你的土壤非常了解，并且它的状态良好时，当你明确知道它需要什么时，生物动力法非常有效。这是原则……

我可以与其他酒农讨论这个问题，但是他们中的大部分人都说不出为什么他们在这样的时候做这样的处理。他们只是应用书中教的。可我无法这么做，我需要先去理解。至于将生物动力法当作商业宣传口号，就更不是我的作风了。

最终，无论是剪枝的时机、起泡酒的酿造，还是其他方面，我当然会遵循阴历，这是基础！在驾驶帆船时非要逆风行驶，那是在做蠢事。

在弗朗索瓦·圣-罗家

维埃纳省贝里镇

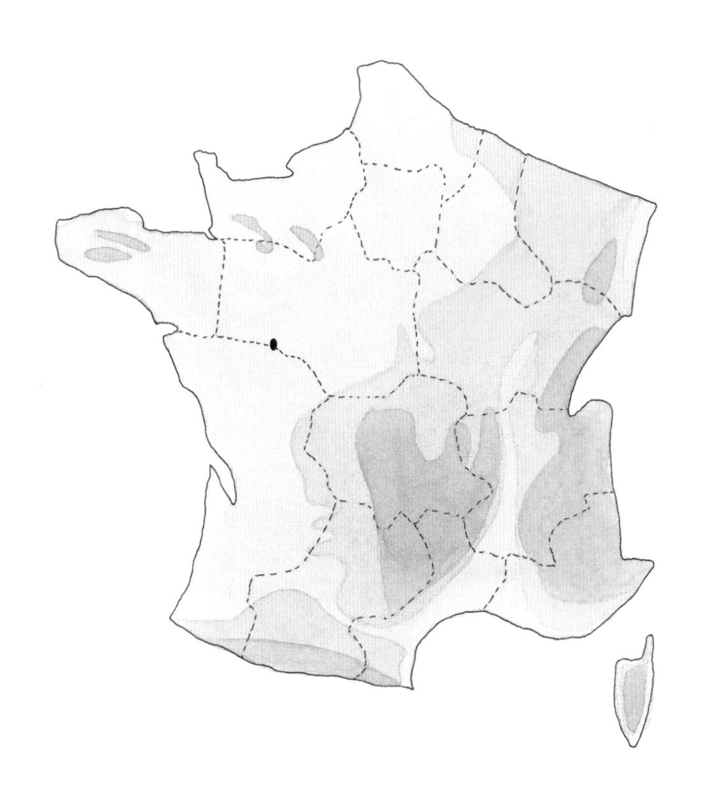

说到弗朗索瓦，我们很难只描述他一个人。他的故事有点像彼得·潘。他的乐观主义和对集体生活的喜好使一个穴居农庄的翻新项目得以实现，一个应该至少延续了三代人的农庄……一片令人惊讶的石灰华岩洞与一个巨大的带有无数分叉的酒窖，它们随着四季的推移，见证了一个拥有15位朋友的大家族的成长变化，每位成员都有属于他的位置，都会贡献自己的能量和好心情。团队的组织非常灵活，每个人都是独立自主的，工作进展非常顺利，因为“如果你不明白，只需要问你的伙伴，他会告诉你怎么做！”

另外，我们得告诉你一件事，万一你没有发现那相像的外表：弗朗索瓦是朱斯蒂娜亲爱的大哥。多亏了他，我们才能相遇。他也是他妹妹笔下唯一一个没有被画变形的人物。

弗朗索瓦呀，他有不同圈子的朋友，到了采收季，四面八方的人都来了。

弗朗索瓦对采收葡萄的人并不太严厉。因为他对他的大部分葡萄都很有信心。
除非真的有什么特殊情况。
比如今年，有一块地里有许多未熟的青葡萄，这真是一个麻烦，需要解决。

青葡萄与已熟的葡萄不是同时结出来的。我们要更晚采收它们。
但是弗朗索瓦，他会保留一定数量的青葡萄与成熟葡萄同时采摘，因为它们会带来酸度，这样，我们就必须找到一个平衡点。

在葡萄园用马耕作感觉怎么样？
我们感觉很好。
没有柴油的臭味，
也没有噪音。
整天听着马尔戈喊“吁！”“驾！”
“吁！”令人心情愉快。
是啊，还有“该死！别
吃葡萄啦！”
开拖拉机时，你可能不会像驾马时那样有顾
虑：“没关系，我往前开就好。”

驾马犁地完全不一样，因为你的脚踩在土地上，这一
切……可是当你坐上拖拉机、打开收音机、吹起空
调，你与土地和葡萄是完全脱离的。
这就像是在森林里开汽车与散步的区别！

在弗朗索瓦这儿采收葡萄的好处就是，我们可以轮着来，都不会有太大的问题，总有人会驾马，要不然就有人会教你驾马。

我的工作是采摘葡萄然后解释。我不会亲自去监督，如果有人向我提问，我就解释。

是呀，我们都自我监督。

然后，还有罗南的手风琴演奏。
是啊，真是棒极了！当你在音乐中卸下篓子时，所有人都在旋转，所有人都在跳舞，有点像被施了魔法。

在卡特琳·迪莫拉和曼努埃尔·迪沃家

收获庄园

多姆山省的布朗扎镇

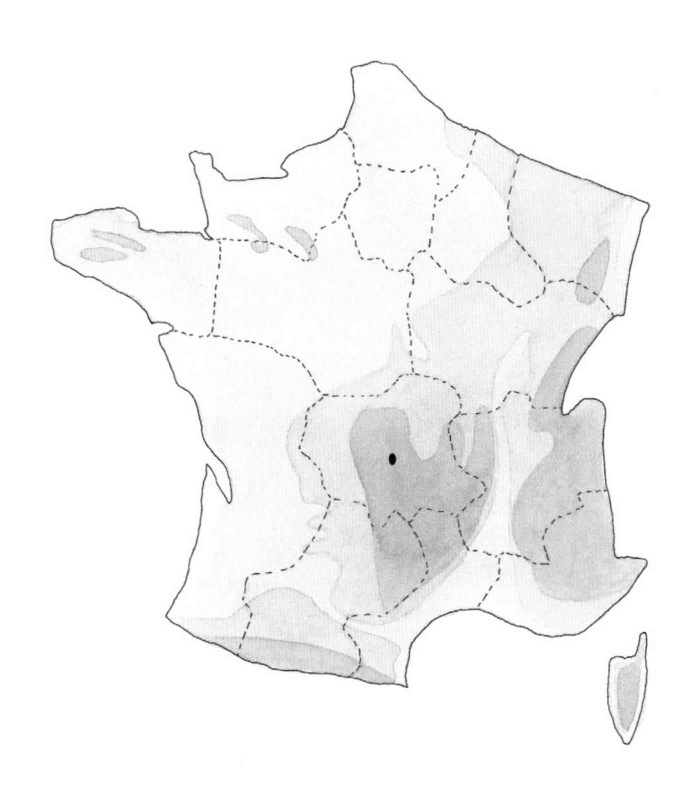

卡特琳是人类学家，曼努埃尔是石头垒墙匠。他们同时是奥弗涅大区的葡萄酒农，在克莱蒙费朗市的北边。

他们的第一个机构名叫“收获（L'Egrapille）”，这个名字是由“采摘青果（grappiller）”和“采收熟葡萄（égrapper）”两个词缩合而成。取名不算难事，更难的是找到一块好地，虽说这里有很多废弃的葡萄园。

我们那天为采摘葡萄而抵达，不久后，直到采摘结束后，才又见到他们。等葡萄全部摘好、收好后，酒农才有空闲谈。

我们和卡特琳都完全赞成要采摘抛荒的葡萄园中未成熟的青葡萄。
这样做有点像小型家庭农业的做法，为了生存，什么都不该浪费，加工一切可加工的，以获取最多的精华物质。
15天前，在一片抛荒的葡萄园里，我们采摘了佳美泰特利尔[1]葡萄的青果。
今天，我们在一片被遗弃了5年的葡萄园里采摘青葡萄，嗬，采了约200千克的泰特利尔。这些葡萄的潜在酒精度大约能达到17度。
然后，9月初的时候，我们采收了博若莱佳美的大颗果粒，将它们放在谷仓的稻草席上风干。这席子就像一块用周围不同风貌的地块拼接而成的地毯。
就这样，我们在大肚瓶中进行不同的实验，去贯彻我们的意愿，去尝试，去获得惊喜。

1 佳美泰特利尔（Gamay teinturier），原产于法国的红葡萄品种，是佳美与泰特利尔杂交的后代。

为什么在奥弗涅采收青果?

奥弗涅一带的葡萄种植历史可以追溯到公元2世纪，但那是一段被彻底遗忘的岁月。大部分的葡萄酒指南只是忘了讲述这段历史。

中世纪是多姆山省葡萄园发展的第一段重要时期；气候变得温和了（一点儿），葡萄园一直开垦到了海拔1000米的地方。从那时起，葡萄种植面积不断扩大，在1892年时达到了45000公顷。奥弗涅因而成为法国葡萄酒产量第三的产区。随后，根瘤蚜虫害、战争和种植工业化为这些难以实现机械化的葡萄园带来了挑战。

如今，在仅存的1000公顷葡萄园中，略超一半依靠“家庭种植”来维持，也就是由固执的老爷子看护着，否则就被遥远的、漠不关心的继承者抛荒，直至消失。

这就要说到采收青果：这是一种采收葡萄树上残余果实的权利，只要葡萄园的所有者已经采收完成熟果粒（或者他们已经明确放弃他们的土地所有权）。就像采橡实一样，外人能够捡拾掉在地上的果实。但是现在，这些行为都被禁止了。这项赋予穷人的土地权利已变成偷盗农作物的不法行为。

不过，卡特琳和曼努埃尔的锦囊里不止一条妙计。他们知道：“在法国法律的空隙中，存在着重新种植被遗弃土地的可能性：葡萄园，被遗弃1年；果园，被遗弃2年；牧场，被遗弃3年……因此，你没必要购买土地，别人也不能把你赶走。”

在卡特琳·里斯家

下莱茵省的米泰尔贝尔甘镇

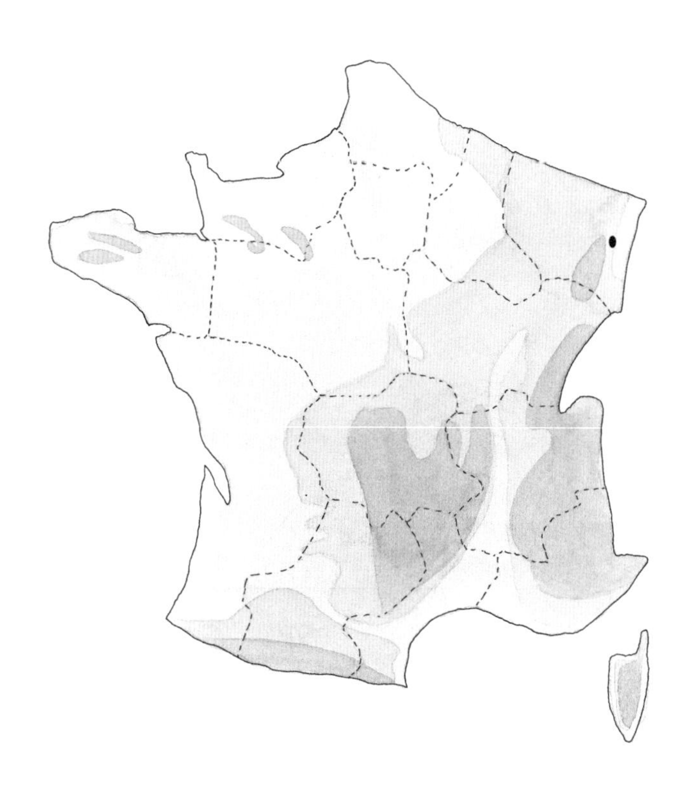

机灵的卡特琳向我们简要介绍了阿尔萨斯风土神奇的多样性，并为西万尼葡萄做了一场生动的辩护，这种葡萄常常被当成二流的品种。她也为我们讲述了剪枝工艺：从前的、上世纪70年代的和现在的方法。我们从她那里进一步了解了霜霉病的冬季活动周期，以及Safer[1]冗长的办事流程（我们遇到的所有酒农都大吐苦水）。

不得不说的是，葡萄种植很大程度上还是男人的工作。因此，受周围男权主义打击而缺乏自信的有才华女性比比皆是……卡特琳独自耕作她的3公顷园地。像她这样勇敢、独立的女性，我们还想看见更多更多！在阿尔萨斯，她是唯一一位没有父母或丈夫陪伴而扎根在葡萄园的女性。

1 法国土地治理和乡村建设组织（Société d'aménagement foncier et d'établissement rural）的缩写。

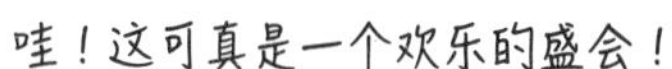

哇！这可真是一个欢乐的盛会！
我们之前释放了一群亚洲瓢虫，它们是那些导致葡萄毛毡病的螨虫的天敌，但它们现在已经有点泛滥了。
在这里，我们可以看到阿尔萨斯的田块拼成的美丽拼贴画。
这边，表层土是砂岩，深层土是泥灰石。
对面，蓝色片岩。更远处，转弯的地方，是黑色片岩。
在那一隅，非常古老的花岗岩。下面，是砂岩和淤泥。
那上面的大山坡的土质是黏土-石灰土。

你们在所有土地上都用同一种砧木吗？

得考虑它们对抗活性石灰土的能力，不然葡萄植株会缺铁：在美国，砧木可不认识石灰土。

我们根据土地特性来种不同的砧木。最多产的品种是SO4。

葡萄园里一片绿色啊！

按照传统，葡萄树脚下被铺了草，以便减少土地侵蚀。

这些安装了防护网的葡萄树是晚收品种，网子是为了防止鸟儿吃果实。

最惨的是电线底下的葡萄树，到最后几乎什么都剩不下。

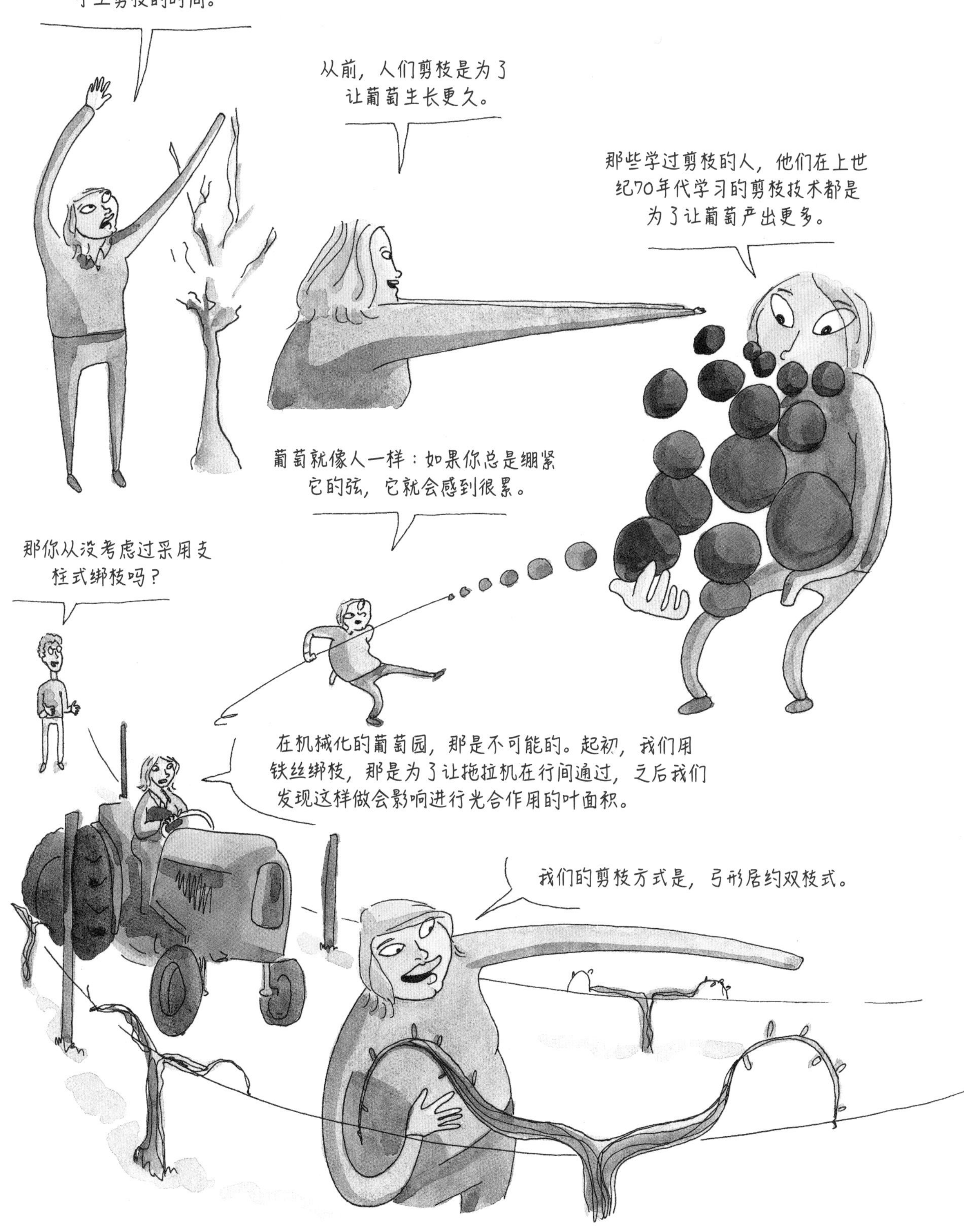
我们用预剪枝机修剪上面的嫩枝，这样可以节约手工剪枝的时间。
从前，人们剪枝是为了让葡萄生长更久。
那些学过剪枝的人，他们在上世纪70年代学习的剪枝技术都是为了让葡萄产出更多。
葡萄就像人一样：如果你总是绷紧它的弦，它就会感到很累。
那你从没考虑过采用支柱式绑枝吗？
在机械化的葡萄园，那是不可能的。起初，我们用铁丝绑枝，那是为了让拖拉机在行间通过，之后我们发现这样做会影响进行光合作用的叶面积。
我们的剪枝方式是，弓形居约双枝式。

西万尼葡萄在有些地块只能生长到四五十年，因为人们让这个品种产出过多。

最不好看的葡萄树都是老树。但是它们出产的葡萄却质量很高。

很多西万尼葡萄树都被拔除了，因为这种葡萄的名声不好，过去葡萄酒农们认为它成熟得不好……

这是肯定的：每公顷出产12000升，它不可能成熟得好！但是，如果采用正确的方式种植在优质的土地上，它的品质可好极了。

保留住本地的古老葡萄品种是非常重要的。

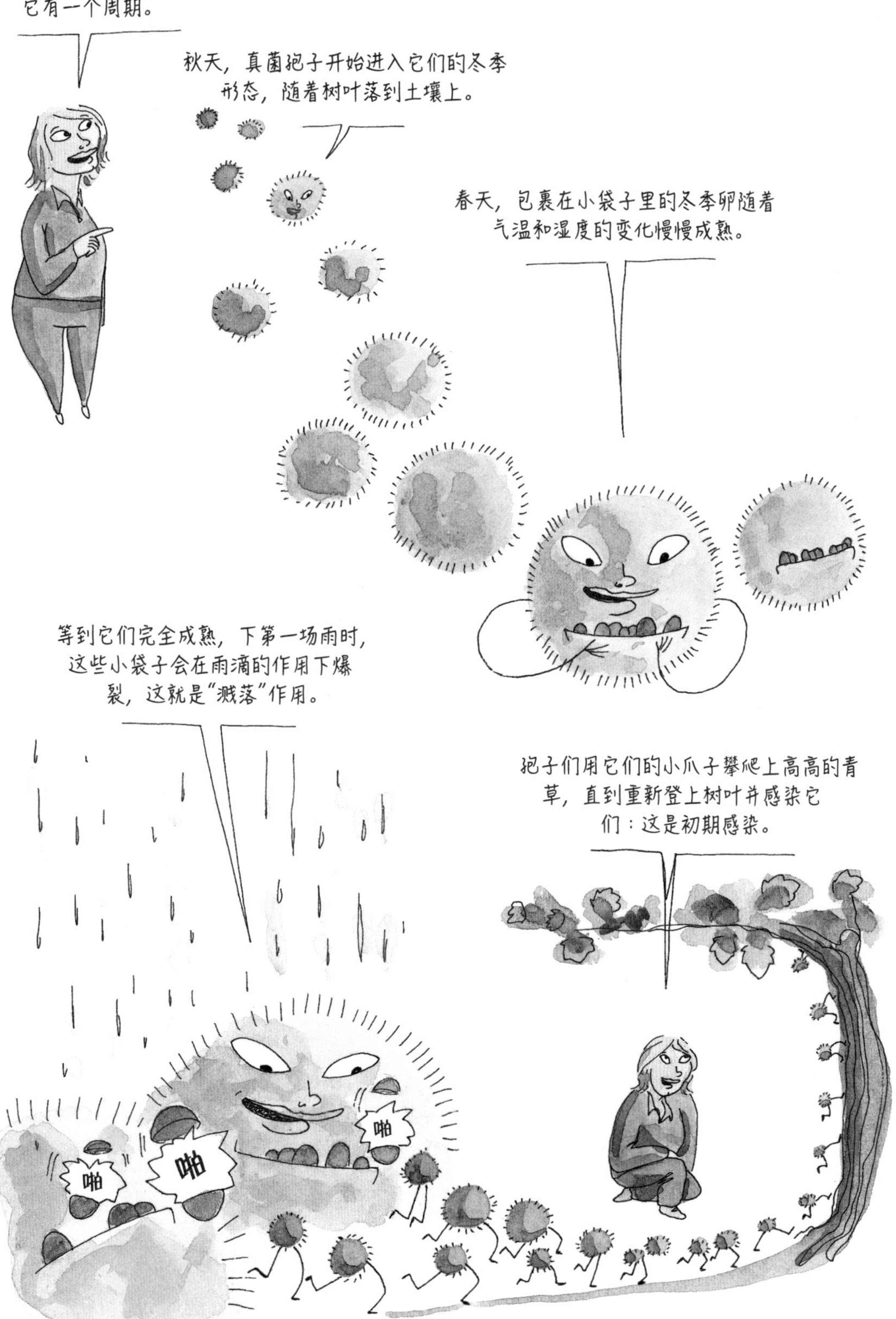
霜霉病，很简单，
它有一个周期。
秋天，真菌孢子开始进入它们的冬季
形态，随着树叶落到土壤上。
春天，包裹在小袋子里的冬季卵随着
气温和湿度的变化慢慢成熟。
等到它们完全成熟，下第一场雨时，
这些小袋子会在雨滴的作用下爆
裂，这就是"溅落"作用。
啪
啪
啪
孢子们用它们的小爪子攀爬上高高的青
草，直到重新登上树叶并感染它
们：这是初期感染。

我收回了0.5公顷红葡萄园，跟Safer有点不愉快，但是每个人都跟他们有过……
Safer，相当于葡萄园不动产代理人，但是一个强制性的不动产代理人！
他们拥有优先购买权，这是国家监管的权利。他们的作用是帮助年轻人创业和优化利用小块土地。总而言之，如果你家旁边有一小块地，你就有权买下它。
有时，他们忘了自己的角色，有些土地归还政策匪夷所思……
如果想绕过Safer购买一块地，就得租赁这块地3年，然后在土地出售时享有优先购买资格。
你得找到一个愿意信任你3年的土地所有人。

在埃卢瓦·塞多·佩雷洛家

芭吉塔酒庄

西班牙的马略卡岛

埃卢瓦在加泰罗尼亚区一个不富裕的家庭长大。他妈妈名叫芭吉塔，他小时候曾向妈妈许诺以后会送给她一座庄园。于是，就有了芭吉塔酒庄！

他在马略卡岛一家名叫“4千克酒窖”的酒商机构工作，所以他接触到了葡萄的收购。像很多旅游景区一样，这座岛销售起自己的酒来毫不费力。然而，这里葡萄酒的生产方式却很可笑，非常分裂，主管机关还没有认识到，推广具有当地特色的葡萄酒比兜售拙劣模仿其他产区的酒更具价值。

在所有人醒悟之前，埃卢瓦已经在酿造属于马略卡岛的酒。而且，是很棒的酒！

这是一片非凡的葡萄园，但是很可惜，它们的主人几乎全都采用常规种植方式。在马略卡岛，由于酒窖的存在，葡萄收购的竞争非常激烈。每年都会有新的酒窖开张。
说到底，葡萄种植者们只考虑钱的问题。他们种出令人恶心的葡萄，产量高，灌溉过度，而且还总是卖得很好。
就在去年，我们损失了4位生产者，他们出于方便考虑，停止了使用有机种植法。
没有愿意循序渐进地工作的酒农吗？
都消失了。因为游客的需求太旺盛。
即使理论上我们只负责收购葡萄，但我们仍不得不亲自耕作葡萄园以便保障质量，种植者们不愿意干太累的活儿。

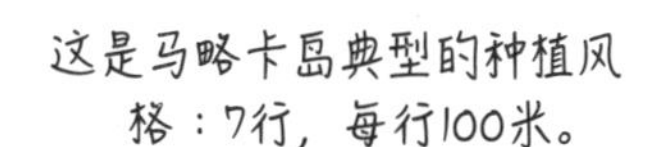
这是马略卡岛典型的种植风格：7行，每行100米。

你种什么品种？

很多种。其他葡萄酒农仅种植单调的品种，都是买来的葡萄苗木。因为他们种的植株质量不好，他们那一大片葡萄园都不会收获好葡萄。

所以，你把葡萄苗割断然后随意嫁接，混合所有品种？

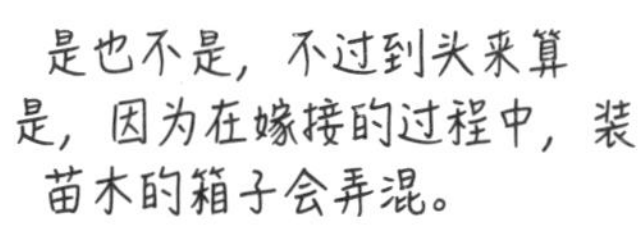
是也不是，不过到头来算是，因为在嫁接的过程中，装苗木的箱子会弄混。

我们种的都是本地品种：卡耶特、黑曼托、法国富果、马略卡富果、萨巴特、巴布提和马卡白。

这样种植是被允许的吗？

不，在递交给机关人员的材料上，我们都写成了卡耶特。

这些是富果，这里是卡耶特，那里是黑曼托……中间还有一株老龄的佳丽酿！

啊，是吗？
是的，但这是一个禁用的品种。

如果不使用法定产区命名的话，你就可以种植它了？

不，这是完全禁止的。

真奇怪，这原本就是一个地中海地区的品种，不是吗？

是的，这很不正常……在马略卡岛，有两个法定产区：普拉耶旺特和比尼萨莱姆。但是种了黑曼托的话，你就不能酿造法定产区命名级别的酒了。

那样，人们甚至都不介绍这些酒。这真蠢，规定与传统完全脱节。
我最喜欢种植的一个葡萄品种是神索。但你猜怎么着？它也是被禁止的！所有人都种黑皮诺。
哈？

是的，大部分地中海地区的葡萄品种都是被禁止的。

我们使用楝树籽油（具有驱虫和杀虫的作用）、硫、荨麻，实际上都不是什么复杂的东西。很久以前就不用硫酸铜溶液了。

如果春季降雨够多，我们就不割草，否则必须割掉，因为杂草与葡萄之间对水的竞争会很激烈。

如果出现了真菌（霜霉菌和粉孢菌）问题，我们会在采收期标记被感染的植株，等到冬季时刮擦它们的树皮，因为真菌也会藏在树皮里。在冬季操作会比较容易，因为枝蔓上没有叶子了。

所以，最主要的问题是缺水和真菌病害，对吗？

对，还有兔子。数量成千上万，没有天敌，在岛上到处挖地道。水不是问题，只需要好好管理。去年的降水量有400毫升。

这块地真的很美。我们在这里感觉棒极了！

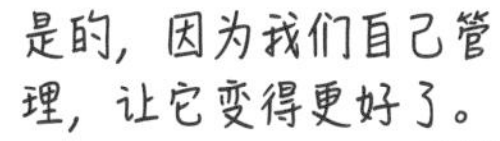
是的，因为我们自己管理，让它变得更好了。

你管这叫什么？可以吃的吧，不是吗？
布雷塔。像法语发音。你很清楚，法国人发源于西班牙的加泰罗尼亚！

回到卡特琳·迪莫拉和曼努埃尔·迪沃家

收获庄园

多姆山省的布朗扎镇

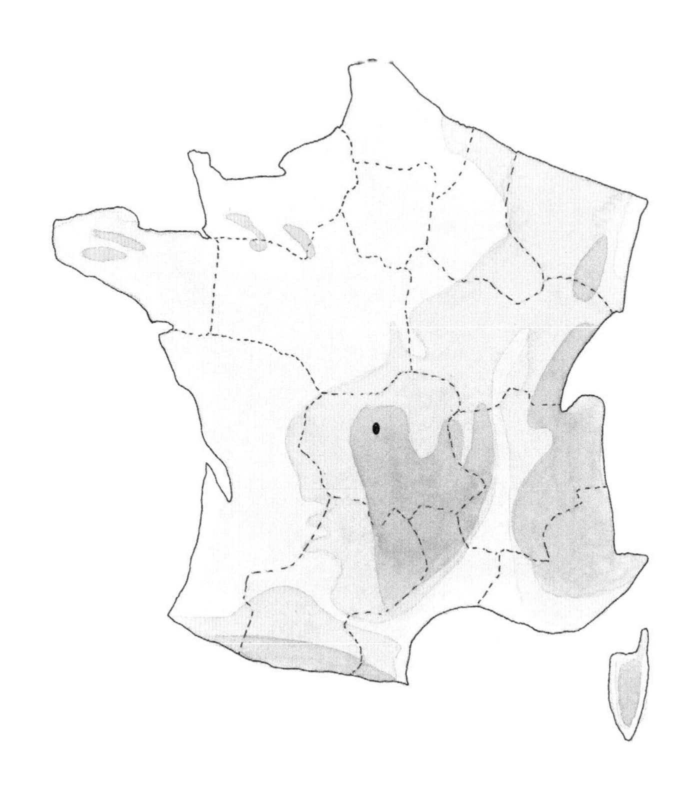

再次见到曼努埃尔，酒农兼垒墙匠，他作为石匠的感受与弗雷德里克·拉瓦舍里的学识发生了碰撞，后者是著名火山学家哈龙·塔兹耶夫的儿子。弗雷德里克细心地保存了父亲所有的研究资料，虽然他自己不是火山学家，在火山方面却很懂行。他和曼努埃尔一起以丰富的学识让我们了解玄武岩。

在收获庄园工作既需要全情投入，又具有不确定性，因为即使卡特琳和曼努埃尔悉心照料别人托付给他们的老藤葡萄，城市化的压力却每年都在增大，除了少数几个疯狂的葡萄酒农，我们实在找不出多少重视这份遗产的价值的人。

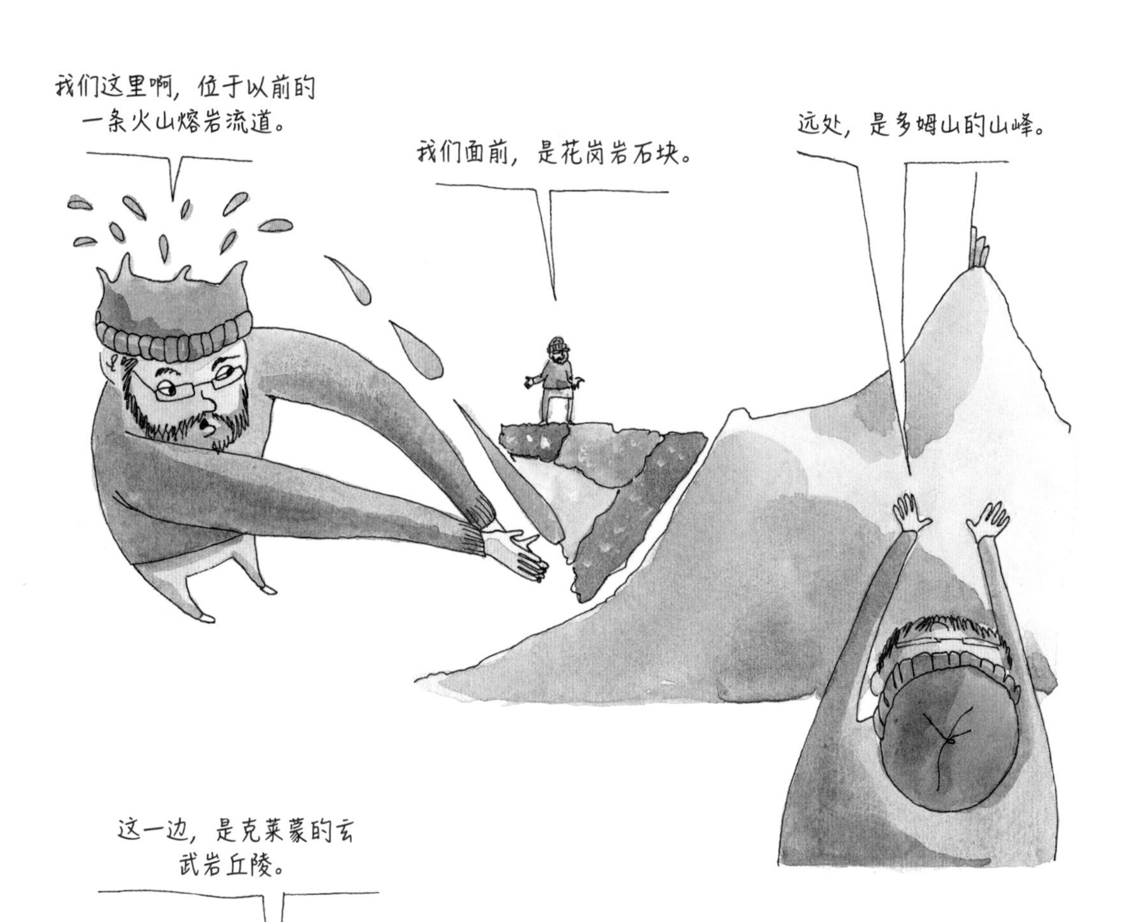
我们这里啊，位于以前的一条火山熔岩流道。
我们面前，是花岗岩石块。
远处，是多姆山的山峰。

这一边，是克莱蒙的玄武岩丘陵。
从那边开始，是一片有利于葡萄生长的土地，因为海拔合适、降雨充沛。
在这里，你每隔几十米就能找到完全不同类型的土壤、各种朝向的山坡和不同的海拔高度。

在这片土地上，玄武岩是露出地面的，马无法在上面耕作。不过，地面的排水性很好。
为什么？

这是一种海绵状的岩石，没有一点儿黏土，通风性很好。水流不会被阻滞。

土壤厚度只有15厘米。固定葡萄用的支柱都立不起来。但是，在上一次持续高温中，它却是唯一一块没有遭罪的葡萄园。
因为葡萄根茎会穿过裂缝到地底深处寻找水分。这一点与石灰土不同。
土壤是通过表面张力形成的毛细作用被从下往上吸收水分的，就像玻璃管里的水银一样，这就是朱林定律[1]。

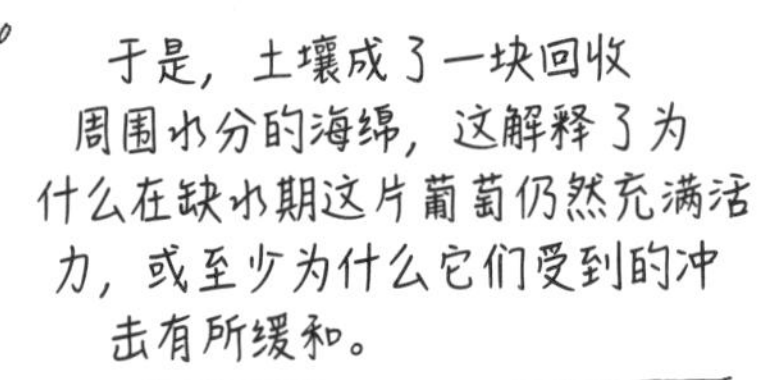

于是，土壤成了一块回收周围水分的海绵，这解释了为什么在缺水期这片葡萄仍然充满活力，或至少为什么它们受到的冲击有所缓和。

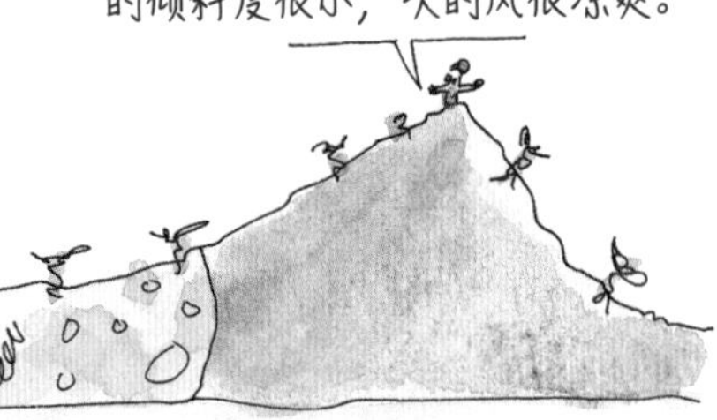

此外，这里的海拔是450米，山坡的倾斜度很小，吹的风很凉爽。

1 朱林定律（英语：Jurin's Law），描述液体在毛细管中上升或下降的规律，即在确定的温度下，液体在毛细管内升高的高度和毛细管的直径成反比。

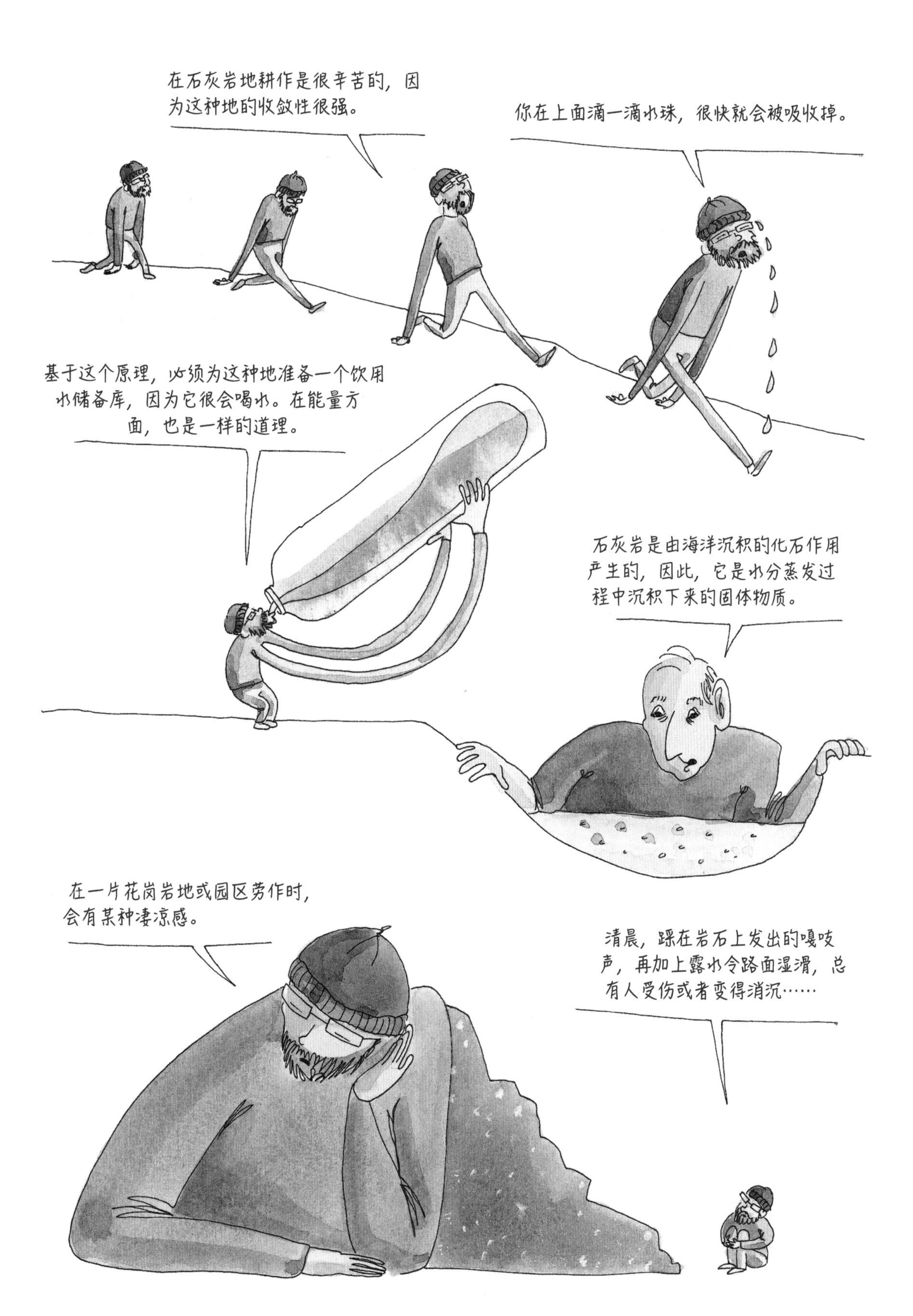
在石灰岩地耕作是很辛苦的，因为这种地的收敛性很强。
你在上面滴一滴水珠，很快就会被吸收掉。
基于这个原理，必须为这种地准备一个饮用水储备库，因为它很会喝水。在能量方面，也是一样的道理。
石灰岩是由海洋沉积的化石作用产生的，因此，它是水分蒸发过程中沉积下来的固体物质。
在一片花岗岩地或园区劳作时，会有某种凄凉感。
清晨，踩在岩石上发出的嘎吱声，再加上露水令路面湿滑，总有人受伤或者变得消沉……

但是，说到玄武岩……它给了我多么强的能量，多么大的干劲啊！
然而，花岗岩和玄武岩的来源是一样的。
玄武岩被瓦斯气体的力量抛向空中。瓦斯气体就是驱动力。
岩浆在减压作用下释放气体会导致密度下降，根据阿基米德浮体原理，气体会把岩浆抛向高处。
花岗岩本身永远不会遇见空气或阳光，最后会结晶成我们所知道的样子。只有发生侵蚀现象时，它才会露出地表。
嘿，它被卡在地下太久，肯定有些伤心呢……

明年，我就有可能在这里切结果母枝。结果长枝真是棒极了，只要拇指一掐，嘿……
但是，用拇指掐不会留下伤口吗？
你观察它的形状，这里很可能有一个隆起的包，潜伏芽眼与休眠芽眼是不同的。
你把手指放到上面能摸到隆起时，我们认为这是一个潜伏芽眼。当你用指甲在上面做记号时，
你并没有切断树液的流动，你只是将它抑制住了。事实上，你压它是为了让它减速。
我跟着祖母学会这种方法。我们种植的是奥弗涅的佳美，大部分都是在根瘤蚜虫害之前栽种的。
未经嫁接的裸藤呀，哇哦！
但是，因为这里是建筑用地，庄园主们迟早有一天要把地卖掉。
这种感觉真令人诧异，在一块代表农学遗产宝藏的土地上，面临作物被拔除的威胁，就像高悬头顶的达摩克利斯之剑……

在让-弗朗索瓦·库特鲁家

库特鲁庄园

埃罗省的皮伊米松镇

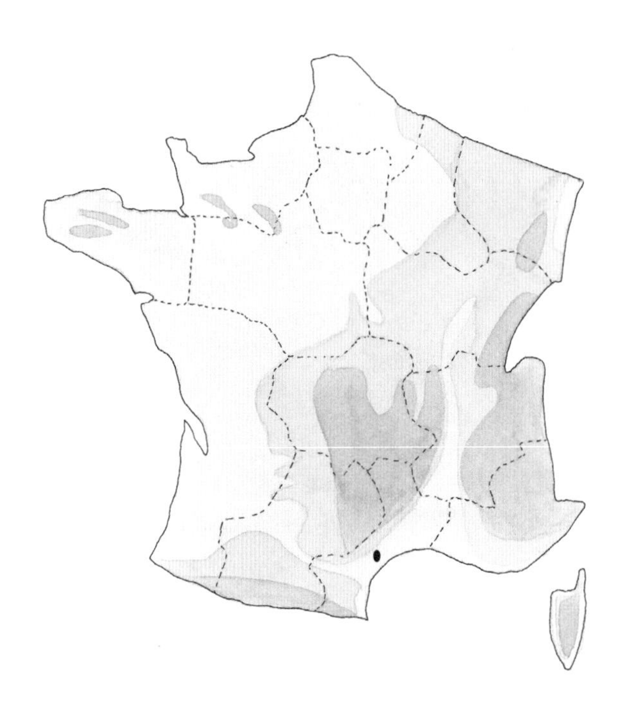

库特鲁庄园在很多方面都是先驱者，从1987年起就在酒标上贴了有机标识。在当时，这可算是重大事件，工业化和有机生产，二者是绝对对立的。杰夫每年都会重新种植大量的灌木丛，无限制地播撒花种……他努力在葡萄园周围重新创造出当地的植物群微环境，为相关联的动物群提供庇护所，用大量的生命力来丰富葡萄树的活力，他的葡萄在贝济耶平原可谓出类拔萃。

从混农林业[1]到高接换头[2]，没有什么是他不敢尝试的：在库特鲁庄园，我们可以数出三十余种葡萄。如果我们告诉你，皮埃尔·加莱在他的《葡萄品种百科词典》中统计了全世界9600个品种，你就会明白这项保护本地葡萄品种的工作有多么重要……2010年，一项澳大利亚的调查显示，全球40%的葡萄园仅种植有10个品种，而到了2012年，法国70%的葡萄园已被10个葡萄品种占据。

因此，库特鲁先生可谓葡萄种植学和生物多样性的英雄，环顾四周，就能知道他的邻居们在这方面投入甚少……

但是，让-弗朗索瓦·库特鲁也是他的学生卡米耶·里维埃的英雄，他曾经在酒店管理学校当老师。我们就是通过卡米耶认识了他！

1 混农林业的方法是将农作物与多年生木本植物（如乔木、灌木等）交互种植，使单位农地上的作物产量增加并使生产多元化。
2 高接换头是在已经成熟的树干上端实行嫁接，是迅速改良品种的方法。

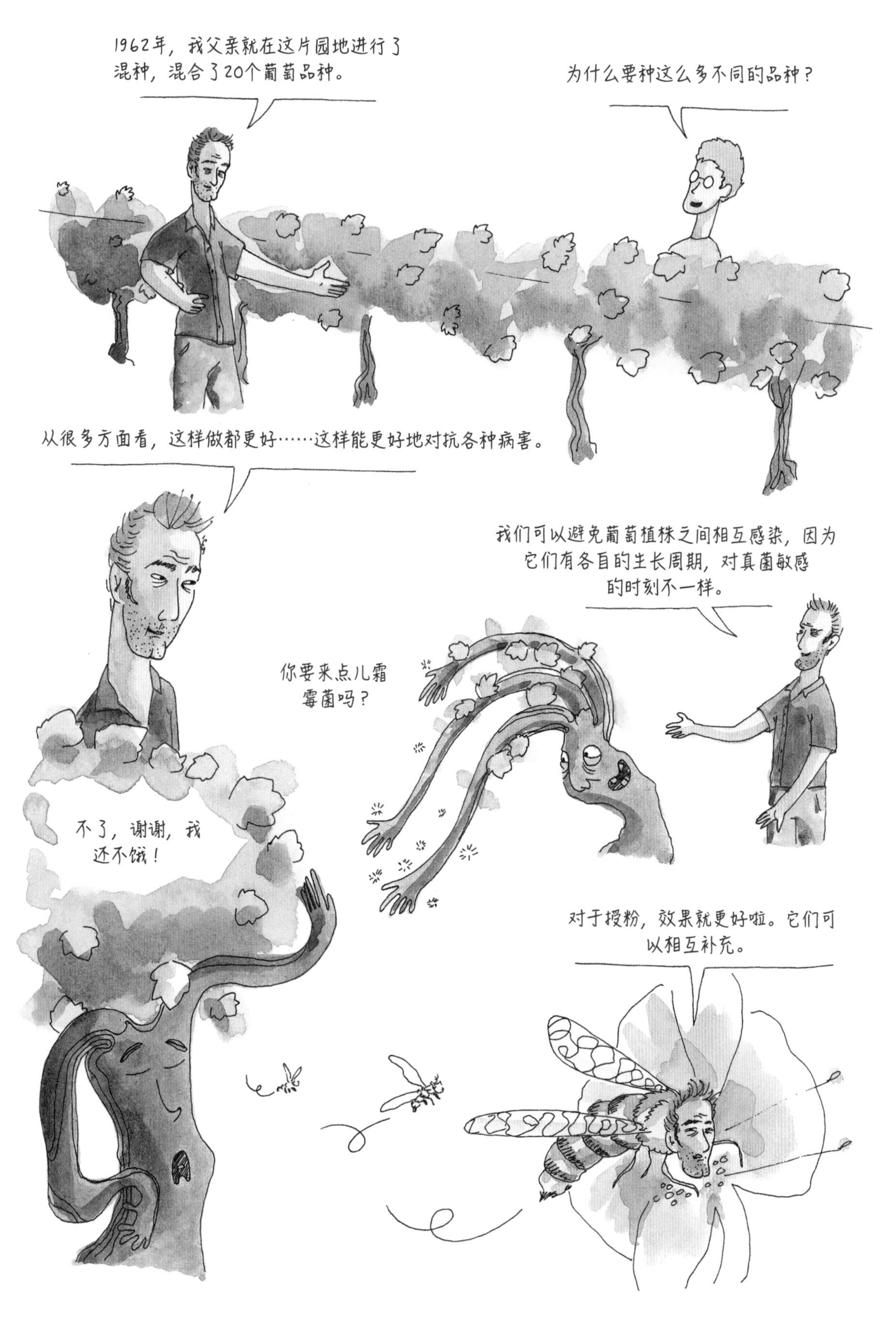
1962年，我父亲就在这片园地进行了混种，混合了20个葡萄品种。
为什么要种这么多不同的品种？
从很多方面看，这样做都更好……这样能更好地对抗各种病害。
我们可以避免葡萄植株之间相互感染，因为它们有各自的生长周期，对真菌敏感的时刻不一样。
你要来点儿霜霉菌吗？
不了，谢谢，我还不饿！
对于授粉，效果就更好啦。它们可以相互补充。

正常情况下，葡萄树会转化它所吸收的40%
至50%的物质，变成它的有机物质，
比如枝蔓、树叶等。
你喂它吃得越多，它就越不会
有发霉的问题。
你会测量土壤的平衡度吗？
我们会在采收时分析氮的含量，
可被葡萄汁吸收的氮。
根据分析结果，我们会进行调整，
以便恢复土壤的平衡。

这里，我想我们要采用切缝嫁接，芽眼嫁接会更复杂。

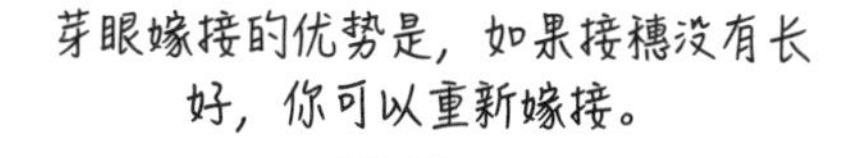
芽眼嫁接的优势是，如果接穗没有长好，你可以重新嫁接。

但是，之后嫁接处一直会很脆弱，愈合需要三四年。总有东西从那里脱落。

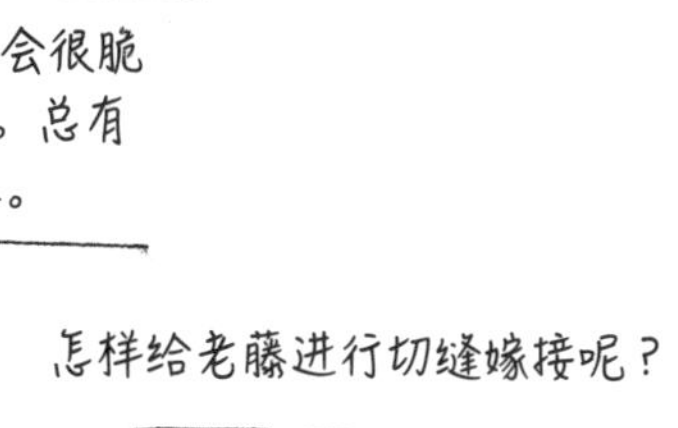
怎样给老藤进行切缝嫁接呢？

你切开一道缝，插入两根接穗条，然后把接口包裹住，以防止空气进入切缝。
你得绑紧，伤口才能愈合。对于卡本内葡萄，我们采用的几乎都是高接换头法，种植面积超过1公顷。这种葡萄不是南部的品种。

邻近的葡萄园都采用机械剪枝、滴注灌溉，连杀虫剂、杀菌剂和肥料都采用滴灌的形式。
种植一片葡萄园，政府给你补贴7000欧元，但是，如果你拔掉原来的葡萄再重新种植，就能获得10500欧元。因此，很多人会更愿意拔掉葡萄树再种新的。
那么，他们的葡萄树会生长多少年？
15到20年。
当你用机器采收的时候，葡萄梗都会留在树上，因为机器只采收葡萄果粒。
树上留下了很多葡萄串的小骨架。

在那里，我重新种植了树篱。有3种类型的灌木：60厘米的矮灌木、3米的中等高度灌木和7米的高灌木。这样，所有人需要的灌木都有了。我们重新种植了这一切！它们可以在天气炎热时锁住阴凉。这是我们为对抗气候变暖所做出的贡献，也为了重建这片化学葡萄海洋中被严重破坏的群落生境。

这个小木盒是什么？
这是为蝙蝠准备的。它们帮了我大忙，
对抗毛毛虫，还捕食大量的飞蛾！

天气很热的时候，葡萄果实有可能成熟度不够，因为整棵植株都很紧张，会从浆果中攫取水分。
在水果的成熟阶段，酸会转换成糖。
但是，如果在前期积累的酸不够多，那么，不管你等多长时间，都不会获得糖分。
那么，植物是如何制造苹果酸的？
通过光合作用。
由于一直缺水，很多葡萄苗精疲力竭，都被晒蔫儿了。
因此，我们希望能尽快下雨，好让今年嫁接的苗能活下来……

在格扎维尔·卡亚尔家

艾思美拉丹花园

曼恩–卢瓦尔省库蒂雷镇

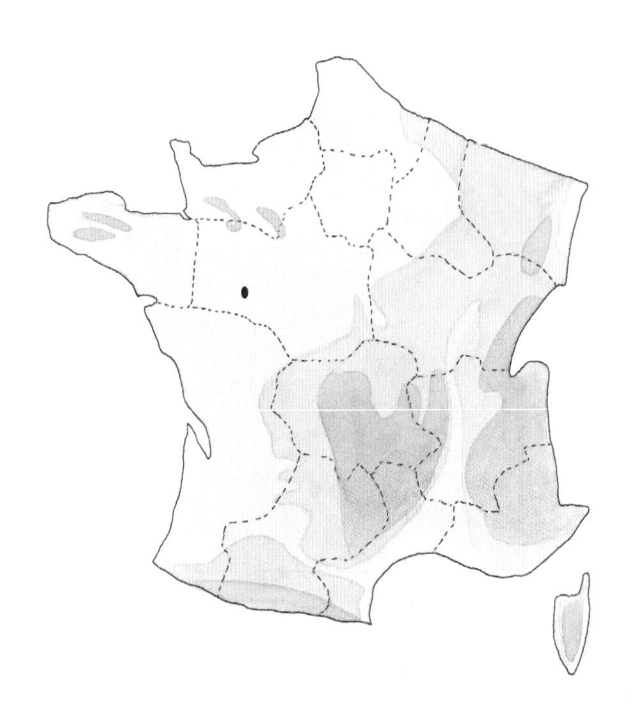

我们来到了格扎维尔·卡亚尔家，位于白色安茹（石灰岩）的“遥远西部”，就在黑色安茹（片岩）的边界。因此，那里的土壤具有许多不同土质的薄层，令葡萄根茎很容易穿透：酸性砂砾、黏土（氧化铁、砂岩和燧石）、都兰的黄色石灰华、白垩土和白色泥灰土。这是格扎维尔对他土地的最精简描述。他还告诉我们，如果离开白诗南和品丽珠，他有可能会感觉魂不守舍。

他既有耐心又表达准确，还很会综合分析，得益于此，我们才能简要清晰地了解如何对抗这种名叫“埃斯卡”的专门攻击木质部的真菌病。那么，医生，有什么新发现吗？

这是一个三部曲故事：土地、
年份、葡萄酒农。
我们只打算耕种3公顷土地，这面积已经足够大了。
总有一个要补偿另一个。

埃斯卡

这种病害的历史与葡萄种植史一样久远。从一些镶嵌画中我们可以看出，古希腊和古罗马人已经遭遇过它，画中描绘了当时的葡萄酒农所采取的措施：他们用斧头劈开葡萄树干底部，在中间插入一块石头，以便空气和阳光杀灭真菌（我们之前在芳汀庄园和阿兰·卡斯泰家看他们用过这种方法）。

这种真菌病是由一个约12种真菌组成的团伙引起的，它们攻击葡萄植株的木质部分，导致葡萄树被拔除。在我们所经之处，被拔除的植株数量每年都在上涨。

弗朗索瓦·圣-罗私底下告诉我们，他把这种病视为“清道夫”，它会攻击变得脆弱的木质部分，最终消灭那些注定要衰弱的植株。

我们同意它具有清扫的作用，然而，埃斯卡以前从未造成过如此大的破坏。这或许是改变葡萄种植方法所带来的后果：不可靠的苗木种植业、嫁接的工业化、无性繁殖、粗糙的剪枝方式（在这一方面，一场真正的革命正在上演，见“博若莱”和“西南”两章）……这一系列因素令葡萄树汁液的流动变得更困难。

症状？树叶干枯，变成了三色的：绿—黄—棕。木头开始腐烂，把它切开后，能看到一块带黑边的白色柔软部分（火绒体）。

正如格扎维尔所说，我们在拔除之前还能尝试采取其他挽救措施：刮除术，或将染病的主干截掉并保留一根生长幼枝，如果失败了，就进行高接换头。

埃斯卡是一种毁坏木质部的真菌。它应该不会攻击有生命力的树木，除非葡萄植株本身很脆弱，自身的营养不均衡。

总的说来，有三种对抗方式。

首先，为了看得更清楚，我们会刮擦，去掉火绒体，清理干净，塑形……

然后，如果在树干上有一条垂直生长的新枝，你就保留它，等它长到足够强壮时，再截去坏死的树干部分。

如果树干还是不再生长，最后的挽救措施是实施高接换头。

在樊尚·夏洛家

马恩省马尔德伊镇

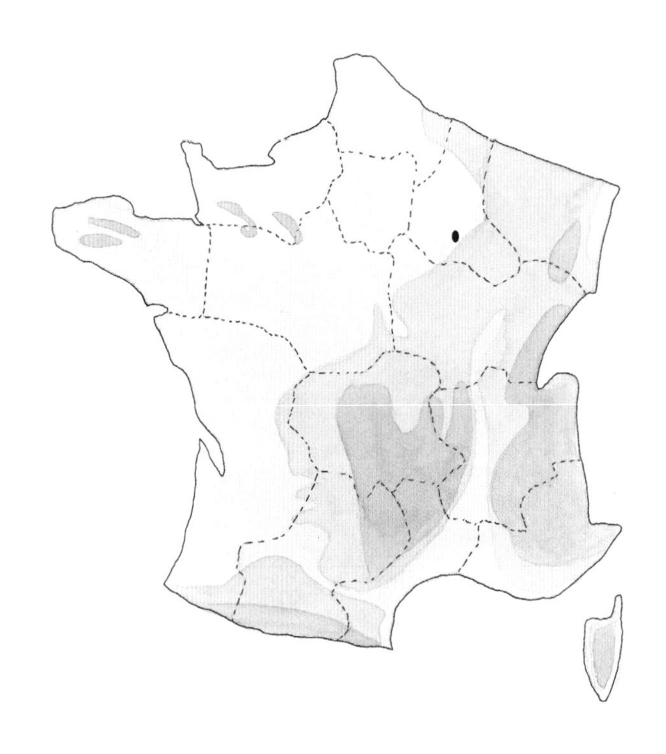

樊尚属于那一小部分认为葡萄是葡萄酒之根基的顽固酒农（在香槟产区大约有50位）。他种植了七个品种：传统的黑皮诺、莫尼耶皮诺和霞多丽，以及阿芭妮、小美斯丽、白皮诺和福满多。

每片土地上都种着他的丫丫叉叉的葡萄树，让我们看到他的土地上蠢蠢欲动的生命力。他对于生命的了解是惊人的，但他并不因此而大意，不断地尝试新事物（我们称他为“大祭司”）。他没有给我们魔法药水的神秘配方，但是，在同我们谈论生物动力法的功效和不同砧木的区别时，他还是向我们透露了一些秘密！

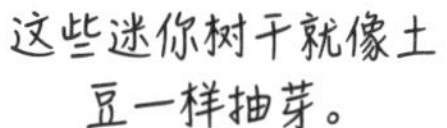
这些迷你树干就像土豆一样抽芽。

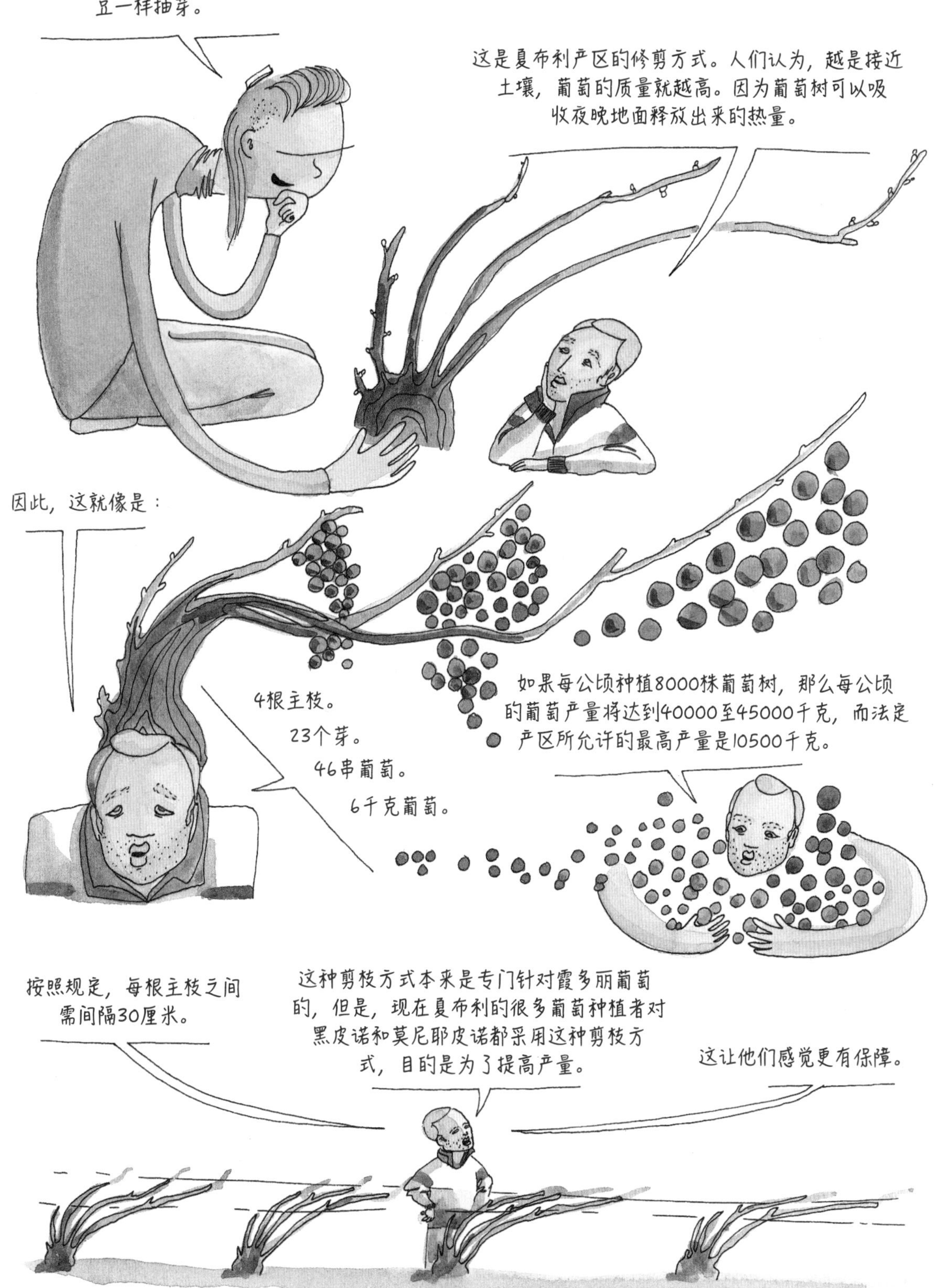
这是夏布利产区的修剪方式。人们认为，越是接近土壤，葡萄的质量就越高。因为葡萄树可以吸收夜晚地面释放出来的热量。
因此，这就像是：
4根主枝。
23个芽。
46串葡萄。
6千克葡萄。
如果每公顷种植8000株葡萄树，那么每公顷的葡萄产量将达到40000至45000千克，而法定产区所允许的最高产量是10500千克。
按照规定，每根主枝之间需间隔30厘米。
这种剪枝方式本来是专门针对霞多丽葡萄的，但是，现在夏布利的很多葡萄种植者对黑皮诺和莫尼耶皮诺都采用这种剪枝方式，目的是为了提高产量。
这让他们感觉更有保障。

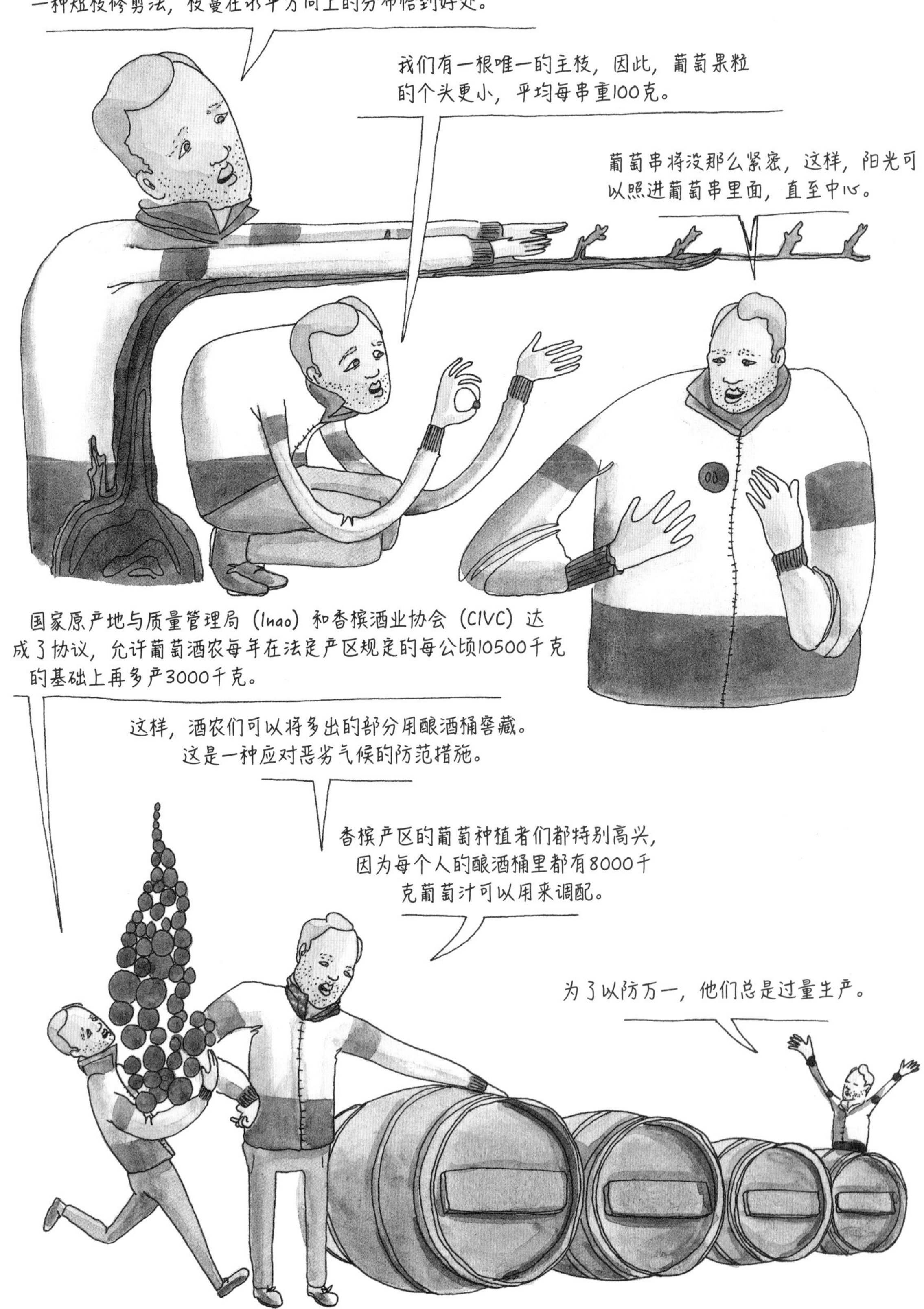
但我采用的是一种绳式剪枝法，更多地使用在老树葡萄上。这是一种短枝修剪法，枝蔓在水平方向上的分布恰到好处。
我们有一根唯一的主枝，因此，葡萄果粒的个头更小，平均每串重100克。
葡萄串将没那么紧密，这样，阳光可以照进葡萄串里面，直至中心。
国家原产地与质量管理局（Inao）和香槟酒业协会（CIVC）达成了协议，允许葡萄酒农每年在法定产区规定的每公顷10500千克的基础上再多产3000千克。
这样，酒农们可以将多出的部分用酿酒桶窖藏。这是一种应对恶劣气候的防范措施。
香槟产区的葡萄种植者们都特别高兴，因为每个人的酿酒桶里都有8000千克葡萄汁可以用来调配。
为了以防万一，他们总是过量生产。

所以，现在我们还能在这里看到一片绿色。
但是，他们要开始喷除草剂了。

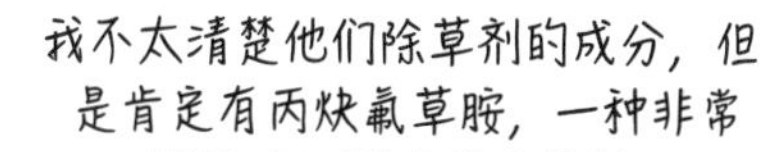
我不太清楚他们除草剂的成分，但
是肯定有丙炔氟草胺，一种非常
强劲的抑制发芽的药剂。

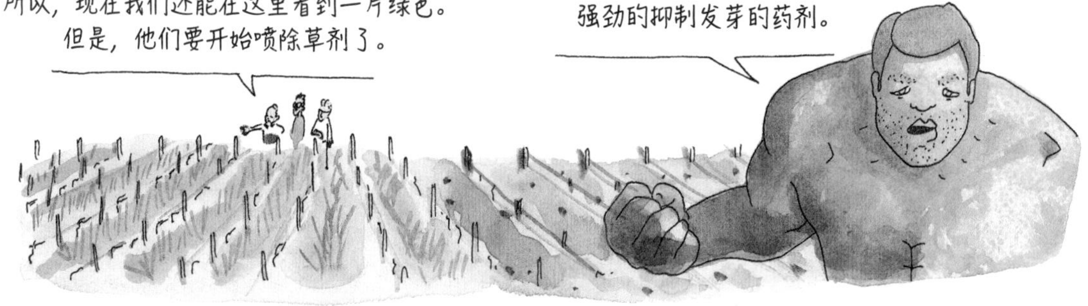

从5月开始，某些化学药剂将被禁止销售，因此，他们要抓
紧机会使用所有这些药剂，并且提前购买储存一批。比如敌草
睛就是这种情况，那些人提前买好了5年的量。

这里，他们在土壤中加入了树
皮，以便制造腐殖质。

增加腐殖质，这想法不是挺好的吗？

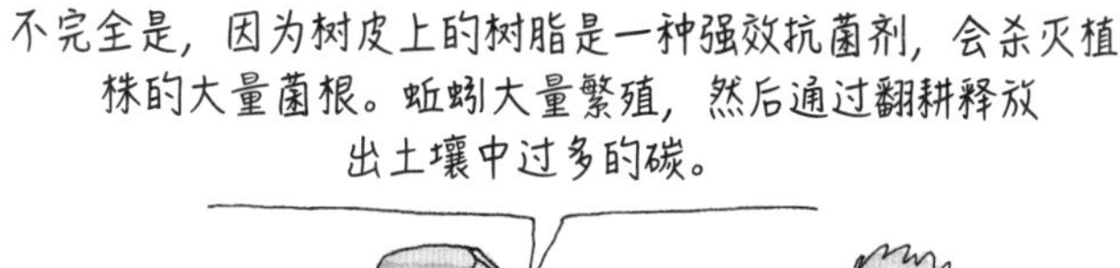
不完全是，因为树皮上的树脂是一种强效抗菌剂，会杀灭植
株的大量菌根。蚯蚓大量繁殖，然后通过翻耕释放
出土壤中过多的碳。

所有这些蓝的、白的小玩意儿，这些塑料小
碎片，都是什么？是垃圾吧？

没错，以前，巴黎市的垃圾都倾卸在田野上。1997年，这
种做法被禁止，但未来的50年内，垃圾不会降解……

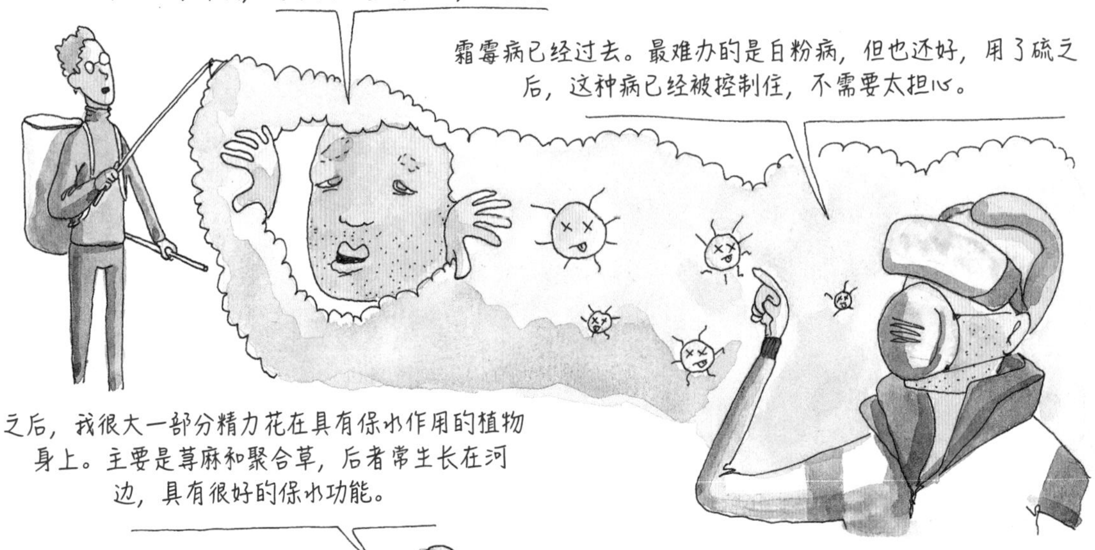
那么你呢，今年全年的病虫害治理日程是如何安排的？
今年啊，对于病虫害的治理，很简单：
霜霉病已经过去。最难办的是白粉病，但也还好，用了硫之后，这种病已经被控制住，不需要太担心。

之后，我很大一部分精力花在具有保水作用的植物身上。主要是荨麻和聚合草，后者常生长在河边，具有很好的保水功能。
还有芦荟，它是一种天然的防御卫士。

今年的果肉里居然含有单宁，要知道，正常情况下，单宁只存在于葡萄皮中。这种情况我可是第一次碰到！

我想葡萄是为了对抗干旱和高温而将多酚物质向内聚集，以避免它们被蒸发掉。

当你采用生物动力法时，所有的树叶都挺得直直的，而按照常规的种法，它们都紧贴着葡萄串。
但是，皮埃尔·马松跟我说，今年的情况是相反的，因为葡萄植株要保护它的果实。
我今年的情况又是另一回事，太阳升起时，叶子形成了伞状，以便让空气流通起来，而在下午阳光的照射下，它们又紧贴着葡萄串了。
你实施生物动力法有多少年了？看到什么变化了吗？
到现在有8年了。葡萄树的生长变得更规律，无论是哪一年，我们都有一样的产量。按照常规种法，产量是呈波浪线浮动的。

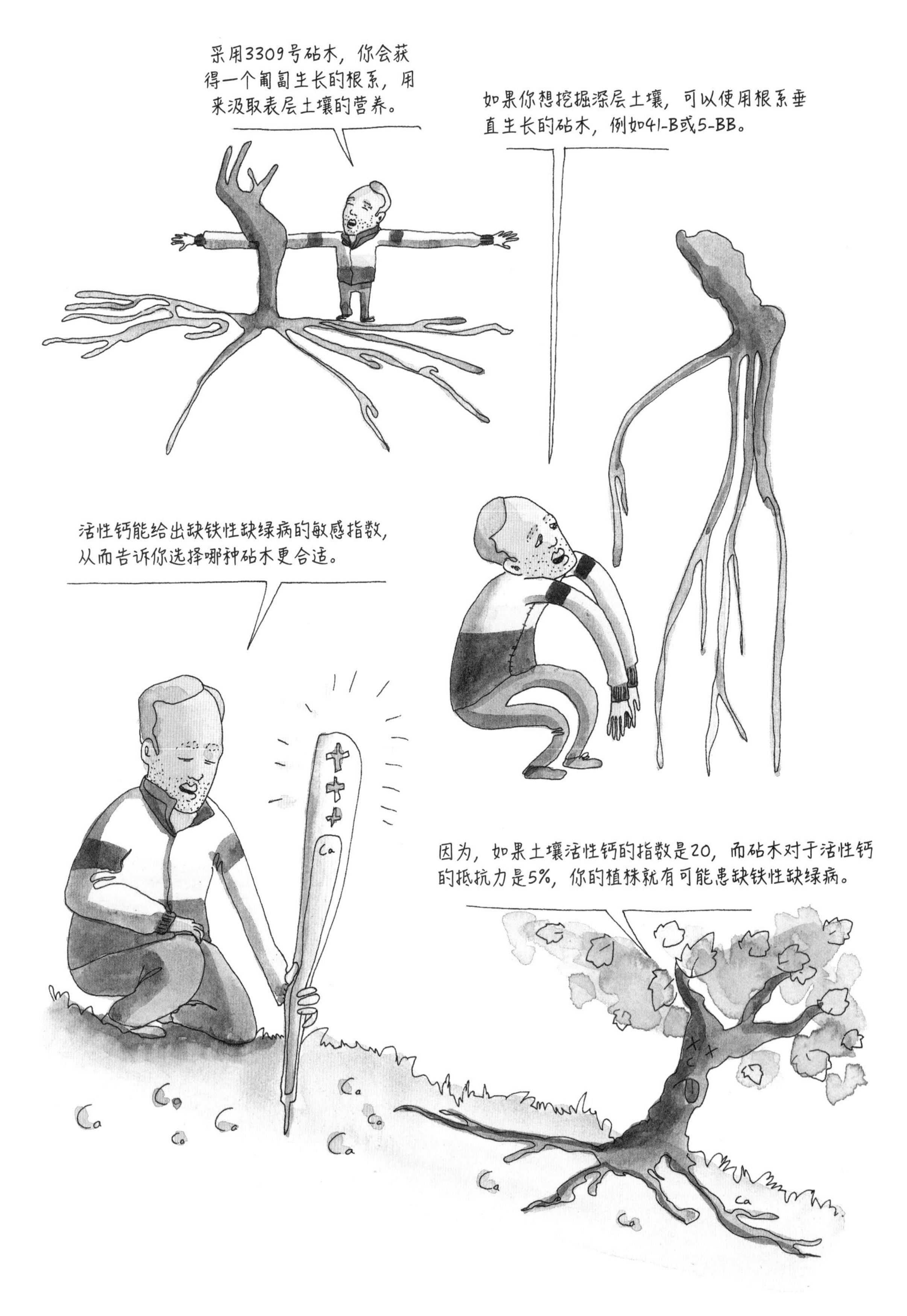
采用3309号砧木，你会获
得一个匍匐生长的根系，用
来汲取表层土壤的营养。
如果你想挖掘深层土壤，可以使用根系垂
直生长的砧木，例如41-B或5-BB。
活性钙能给出缺铁性缺绿病的敏感指数，
从而告诉你选择哪种砧木更合适。
Ca
因为，如果土壤活性钙的指数是20，而砧木对于活性钙
的抵抗力是5%，你的植株就有可能患缺铁性缺绿病。

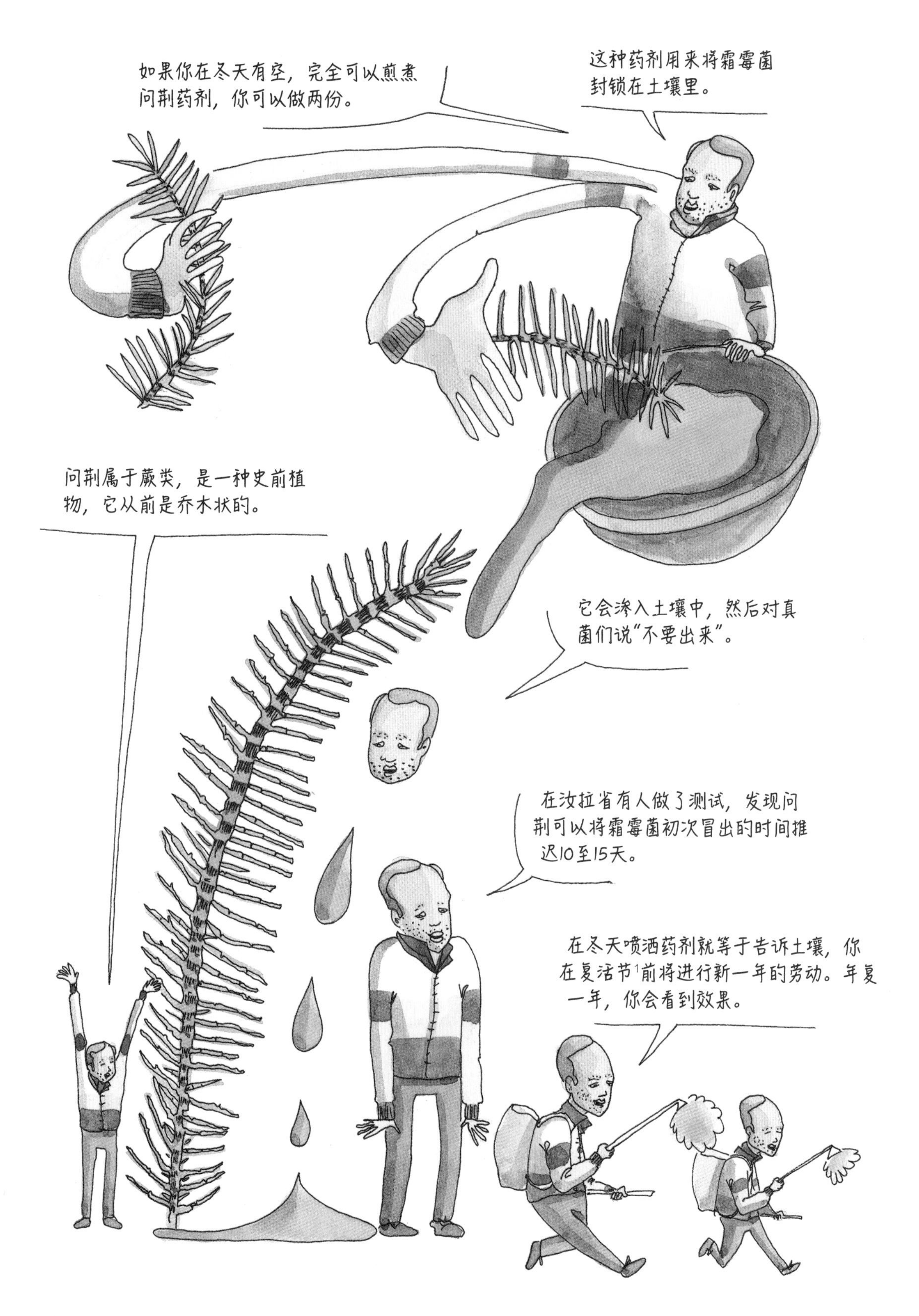

如果你在冬天有空，完全可以煎煮问荆药剂，你可以做两份。
这种药剂用来将霜霉菌封锁在土壤里。
问荆属于蕨类，是一种史前植物，它从前是乔木状的。
它会渗入土壤中，然后对真菌们说“不要出来”。
在汝拉省有人做了测试，发现问荆可以将霜霉菌初次冒出的时间推迟10至15天。
在冬天喷洒药剂就等于告诉土壤，你在复活节[1]前将进行新一年的劳动。年复一年，你会看到效果。

1 复活节，3月22日至4月25日之间。

你打算在葡萄园里播种什么？
自然生长的植物代表了你的土质。通过观察它们，你将能分析土壤。
如果你播种，就把线索搅乱了。
每种植物都有它天生的菌根共生体，因此它们会将各自的菌类带到土地中。
所以，如果你种下别的植物，就带来了其他菌类，它们将改变你的土地。
而且别忘了，葡萄树是唯一一种不能独立形成菌根共生体的植物。
你怎么看热拉尔·迪塞尔夫的理论和生态指示植物？
完全赞同他。不过理论应该结合实际环境，这非常重要。你具备解除种子休眠的真正的还是诱发的条件？这取决于你的种植方式或土地缺乏的营养元素。
一种指示植物的数量如果超出了生物多样性的标准值，那它确实向你指出了某种问题。

为了重整土地，你可以用旋转式碎草机或很钝的轧草机来割草，这样造成的伤口更严重，能让被割的草长得更慢。

草的上部被切碎，这种伤口与空气的接触面更大，愈合得也就更慢。

就像头发一样，如果你剃头，头发会长得更快。在葡萄园里，草对我们是有用的。

你割完这次以后，会在夏天再割一次吗？

要看情况，如果不下雨，草就不会长。关键是等到草抽薹[1]。

1 抽薹，受到环境变化的刺激，丛生型植物的茎开始迅速伸长，植株变高的现象。

这儿，你看，我与邻居达成了共识，他们答应不除草，然后我来负责处理草。

地里有草不会让他们觉得烦恼吗？

他们不在乎。90%的葡萄种植者都觉得无所谓。剩下的10%认为这是个问题。

很多采用常规方法的种植者都有销售的困难。他们的酒由合作社买下，并贴上合作社的标签。

LVMH[1]集团购买了香槟产区60%至70%的产量，相当于数百万瓶。

尽管如此，这里的人还是各种算计！

举个例子，如果产量过剩，种植者就必须把多余的产量送到蒸馏厂。

大型酒商会向他们建议，与其之后雇人来做，不如让他们帮忙免费剪除多余的葡萄。然后，他们用这些多余的葡萄酿造自己的法定产区酒，没有人有任何异议。

没有人谈论香槟产区。记者们都知道这事儿，却不能谈论，所有事情都是口头传播，以免任何消息从香槟区走漏了出去。

发生在香槟区的事就让它留在香槟区。

1 LVMH，全名Louis Vuitton Moët Hennessy（法国酩悦·轩尼诗－路易·威登集团），由路易威登与酩悦·轩尼诗公司合并而成，是全世界最大的奢侈品集团。

香槟！

在书里，香槟代表了节日、亮片、气泡、欢乐……然后，当我们终于身处香槟产区的葡萄园中时，才发现它代表着死亡。

好吧，也不是到处都这样。抵抗运动在有效地进行中，像樊尚这样敢于特立独行的酒农贡献很大，他们肩负家庭和职业的重任，把大部分时间都奉献给事业。

这是一个“特别”的区域，很多事情都与众不同：在这里，人们以每公顷的千克数来衡量产量[1]，通常在葡萄成熟前进行采收。在植株行间，我们也能发现一些奇怪的玩意儿：洋娃娃的手臂、电池、塑料碎片……事实上，直到1997年，葡萄酒农还在向葡萄园倾倒“生活垃圾”（城市废品），因为相信它们的“抗侵蚀”能力可以改善因批量使用除草剂而受损的土壤质量。

但是，他们做了改进，证据就是：他们现在改为使用松树皮。从今往后，一种名为HVE（Haute Valeur environnementale，高环保价值）的标签应运而生，它尚未应用到病虫害防治产品上（不应该推广使用），但它可以要求，比方说，酒农用木桩取代铁柱来绑缚铁丝，并在行间种植蔷薇。这样，葡萄园更美观了！

1 其他产区一般以升数来衡量。

在艾丽斯·布沃家

欧克塔凡庄园

汝拉省阿尔布瓦镇

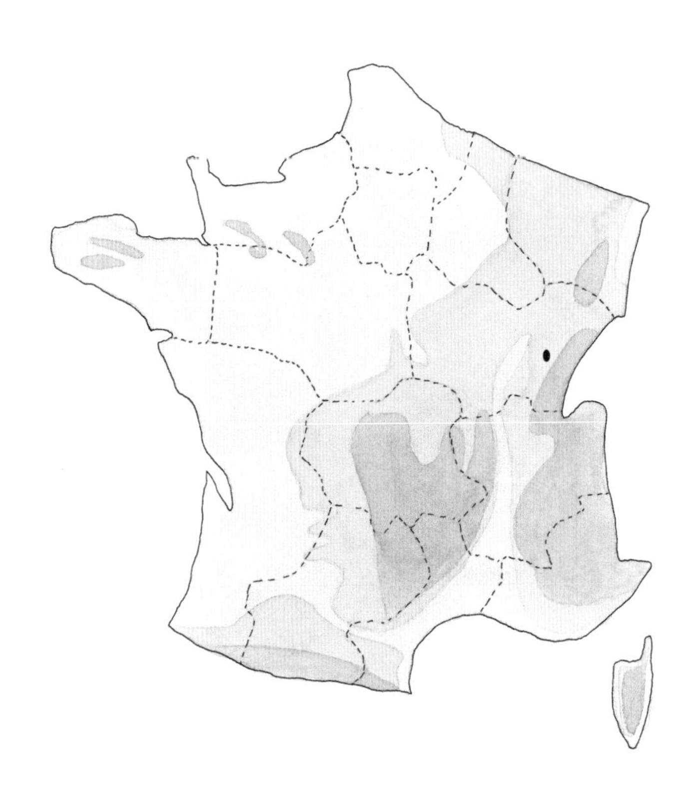

下一站汝拉，奇迹的王国！也是泥灰土的国度。

艾丽斯忙于照料葡萄、酒窖和管理烦琐的行政事务。她没有一位家庭主夫，她还得照看小家伙、房子和其他一切。她同我们谈论男女不平等：在工作上，女性获得的理解和认可更少；当她试着与男人们讨论拖拉机时，他们可能产生莫名的羞耻感；当她必须独自承担通常需要两人共同完成的工作时，必须适应一切挑战和克服每个困难。艾丽斯·布沃，一位集勇气、乐观和欢乐于一身的女汉子！

如果我开拖拉机到11点，还剩下3行葡萄树没有照料，我会丢下这些去接我的小家伙们。

姑娘们负责把剪断的枝条拔下。
不久后，她们将跪着剪除葡萄树干底部的赘芽……这工作很艰苦，并且与男人们开拖拉机相比，她们的劳动默默无闻……
你自重50千克，却要扛一个20千克的木箱，这就是酒农的工作！
但通常情况下，我们有自己的工作方法，比男人们的更智慧，既然我们没有他们的力量。

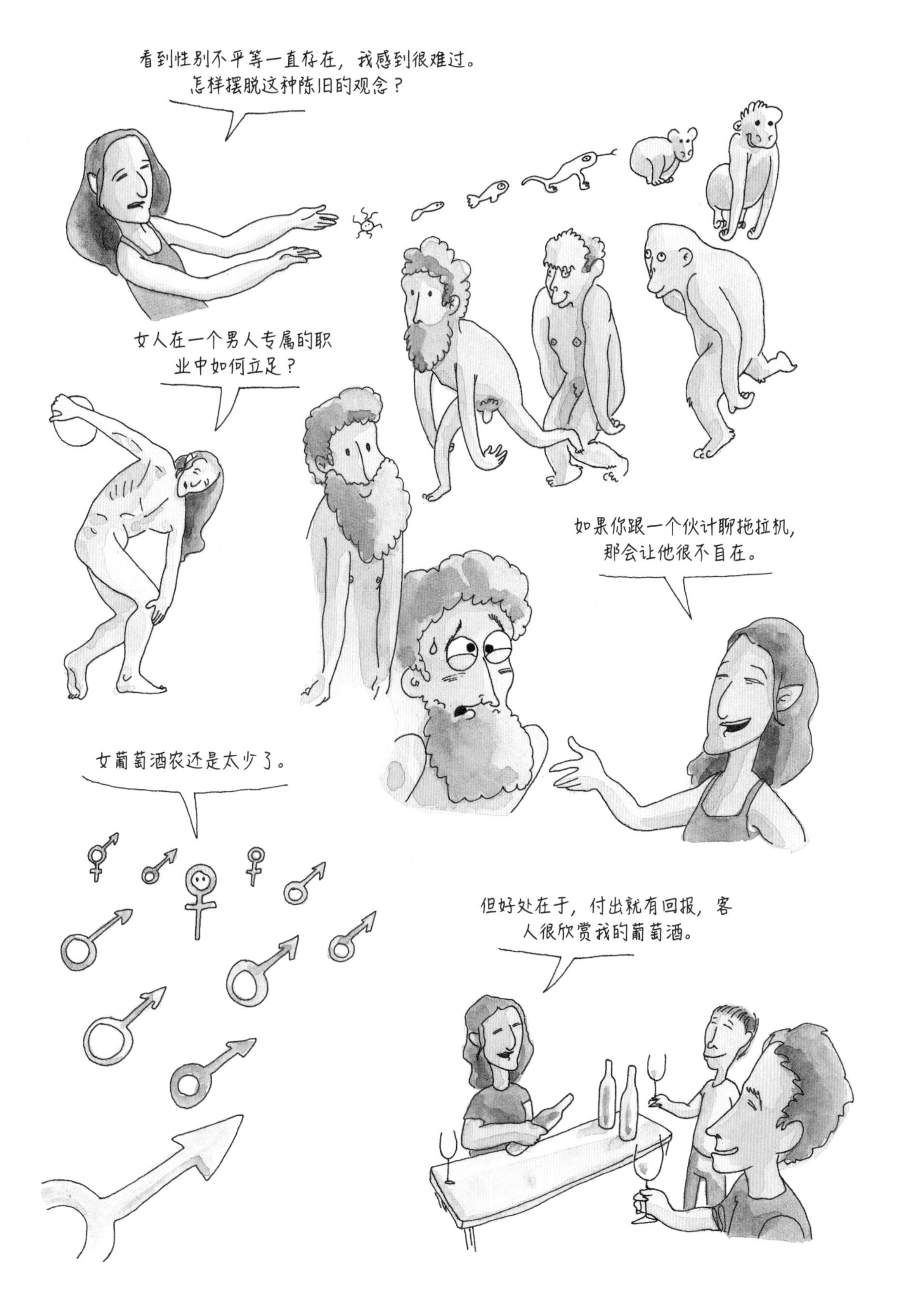
看到性别不平等一直存在，我感到很难过。
怎样摆脱这种陈旧的观念？
女人在一个男人专属的职业中如何立足？
如果你跟一个伙计聊拖拉机，那会让他很不自在。
女葡萄酒农还是太少了。
但好处在于，付出就有回报，客人很欣赏我的葡萄酒。

我独自承担本应夫妻双方完成的工作，为了不被压力打垮，我有一个解压的窍门：感恩！享受日常每一个微小的幸福时刻。

在埃米莉和亚历克西斯·波特雷家

柏丁庄园

汝拉省阿尔布瓦镇

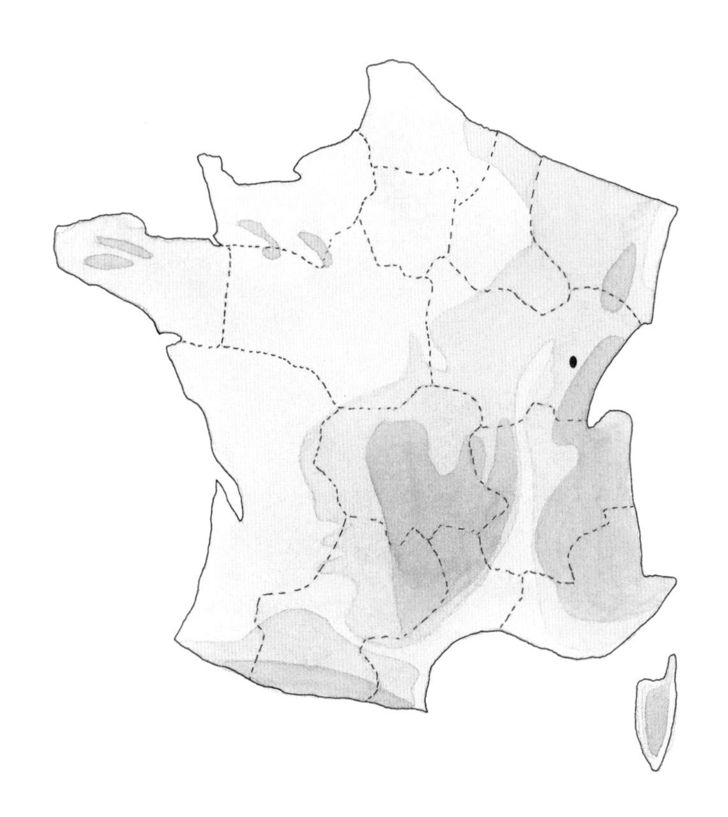

这两个人，让所有人都没有异议：太可爱了。

他们的目标：在同一条线上同步前进。大部分情况下，女人们辅助酒农丈夫的工作。但是，埃米莉不满足于坐守办公室和照看孩子的传统任务：她在博讷考了文凭，并且一直在向亚历克西斯学习，后者正巧是位杰出的教师。

以前是他们向老人们请教，而现在轮到老人们问他们的建议。

关于埃斯卡病，我们发现了市长兼众议员有一个好主意，亚历克西斯还有一些偏爱的替换方案。

夫妻双双做酒的情况很少见。
一般是酒农的妻子处理财务、报关和行政公文方面的工作，丈夫则负责艰苦劳动，生产令人满意的产品。

我 创造 诸神的 饮料
我们试着平衡分配给这3项工作的时间：葡萄园中的劳作、酒窖里的酿造和共同决策。

亚历克西斯是一口知识的井，是他教育了我。我促使他变得有耐心，向我解释尽可能多的东西，并且相互鼓励。

我们有3公顷葡萄园，目标是达到6公顷。

我们将成立一家农业有限责任经营制公司，聘请两位经营主管。我们启动后需要6年来完成计划，但是，2013年和2014年让我们的计划推迟了。

2014年有果蝇，特别是在菩萨葡萄上。果蝇真的很喜欢“菩萨”和它的薄皮。
我们筛掉了很多，把60%的果实扔在了地上，然后，在手工除梗时进行第二次筛选。

我父亲是旧货商兼记者。
以前，在弗朗什-孔泰地区，每个农民都有自己的一隅葡萄园，以保障全家一年所需。
所以，是亚历克西斯的爸爸给我们葡萄种植的启蒙教育，他自己就是农民的儿子：修枝、剪除赘芽……现在，他会向亚历克西斯提问，因为我们的工作方式和传统的不一样。
之前，我像爸爸一样修枝，那种方法在当时已经很不错了，特别是，我从小时候开始，就习惯于去葡萄园做各种季节性的活儿。
就在比法尔镇这块出色的园子里，葡萄树是我的祖父和一个德国俘虏一起种的，现在属于我们了。

我们有一位市长兼众议员是合作社社员。他做了一项关于埃斯卡病的研究，推荐使用偏亚砷酸钠！于是，我们真的很想要再这样操作一遍。
我觉得，这种病肯定发源于砧木。在15至25年间，我们发现那个部位发生坏死的情况最多。
最有效的办法，是用镐挖一个洞种上替换的砧木，而不是把砧木的根部剪短再直接插入土里，这一点是显而易见的。
压条法是被容许的。压条的第二年，枝蔓上就已经能结果了，但是耕作土地时不能拔除旧藤是很麻烦的。

在迪迪埃·格拉普家

汝拉省圣洛坦镇

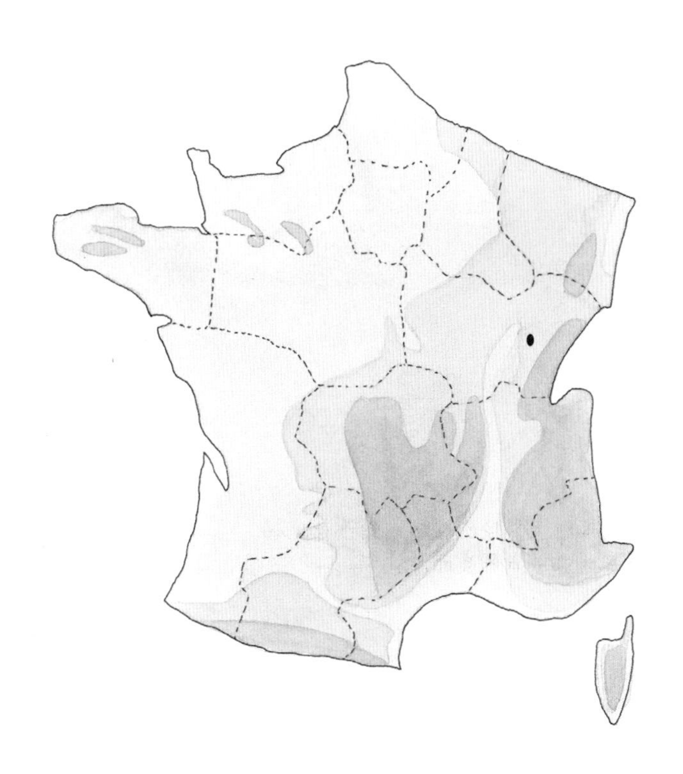

虽然名叫迪迪埃[1]，但他不卖汽车！而且，他更喜欢自行车，一种享受汝拉地区美景的绝佳交通方式。说到底，主要是为了方便进出葡萄园。因为迪迪埃对某种东西有执念，让人觉得随着时间的推移，他越发想使自己的努力合理化。总之，都听他的就是了。

我们讨论扦插和葡萄退化的问题，然后聊到混种的情况。采用混种的方式之后，就不需要使用化学药剂来治理病虫害了，解决了关于化学药物治理的问题。他还跟我们谈了与光合作用有关的很多方面。

我加泥灰土，你加泥灰土，我们都加把劲[2]……

1 迪迪埃是法国一家汽车经销商品牌。
2 泥灰岩土壤添加到酸性土质中可改良土壤。在法语中，“加泥灰土”也有“苦干”之意。

如果你观察大自然，会发现大自然在不停地繁衍、相遇和杂交。
植物和动物成天做的就是这些事。
一棵树用来生产果实的所有精力，
都是为了在它的果核或种子中培育出新生命，成千上万的新生命。
大自然在不断地新陈代谢。

用扦插的方式繁殖的葡萄树是一些脆弱的个体，不会进化。
当我们在采收季观察一块葡萄园时，能看见数以千计的葡萄串，
每串葡萄上结了几十颗果粒，
而每颗果粒包含好几粒种子。
所有这些付出的精力，都是为了使它们的基因杂交，为了生产出无穷无尽的个体！而有人却还在继续扦插！
人类繁殖出的总是相同的基因，病弱的、退化的。
于是，人类注定要借助化学药剂来治理病虫害。这完全是衰弱。
大自然从不会这样做。

你认识那些用种子做实验的人吗？就是杂交。
嗯，当然，有的品种已经具备很强的抵抗力，比如谢瓦尔，我明年会种一些。

这是在根瘤蚜虫害爆发后诞生的一个杂交品种，它能抵抗一切。

我们可以购买这些品种，但不能用来酿原产地（AOC）级别的酒。

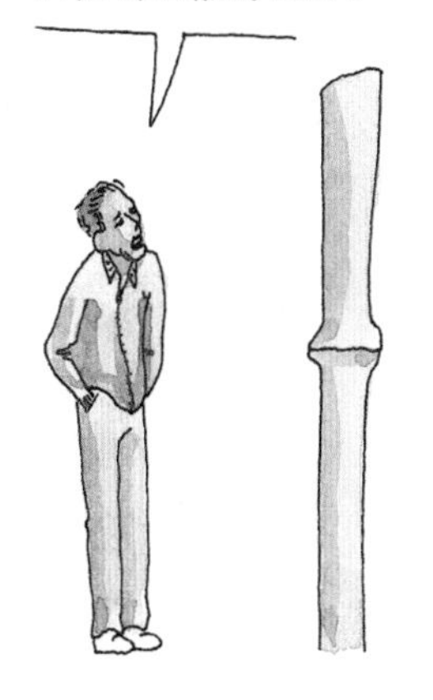
如果树干的健康状况良好，没生
什么病，享受足够的光照，木
头就会成熟得很好。

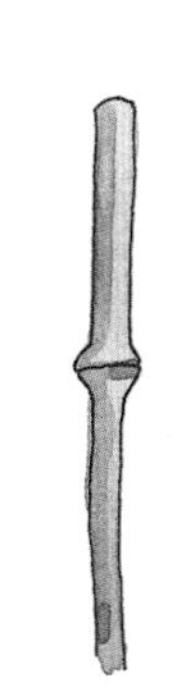

但是，如果木头成熟得不好，就熬不过这
个冬天，也就不会有任何产出。

什么因素会影响树干木头的成熟呢？

疾病或者由于树叶生长不良导致弱光
合作用。一切都源于太阳。

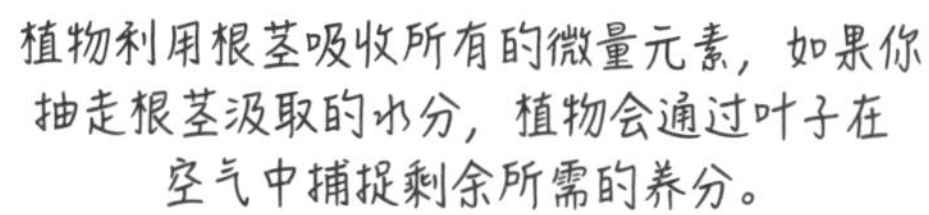
这就是克洛德·布吉尼翁所说的：一株
植物96%的干物质来自大气。

植物利用根茎吸收所有的微量元素，如果你
抽走根茎汲取的水分，植物会通过叶子在
空气中捕捉剩余所需的养分。

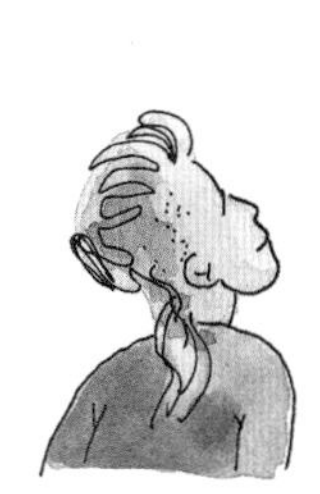

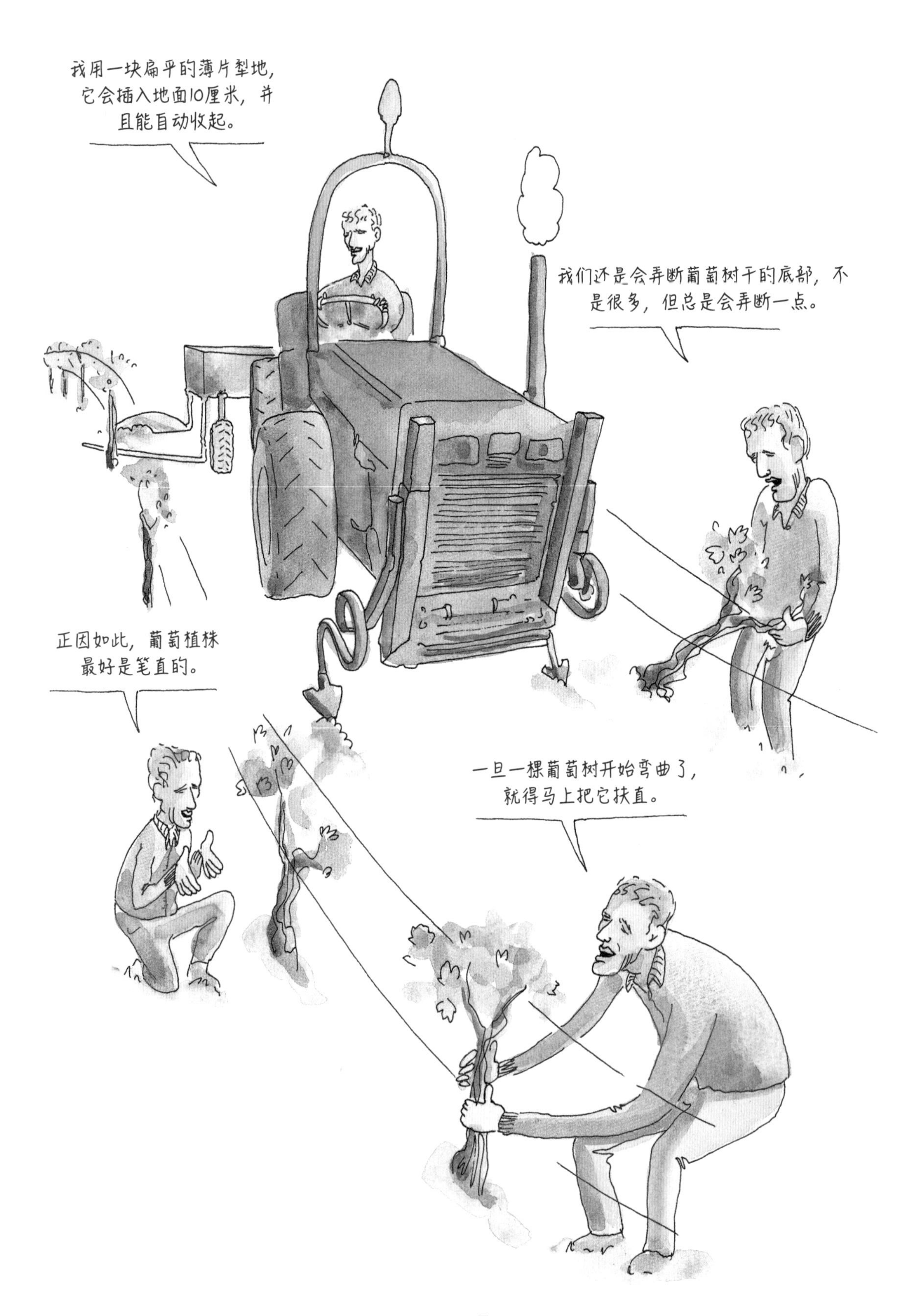
我用一块扁平的薄片犁地，
它会插入地面10厘米，并
且能自动收起。
我们还是会弄断葡萄树干的底部，不
是很多，但总是会弄断一点。
正因如此，葡萄植株
最好是笔直的。
一旦一棵葡萄树开始弯曲了，
就得马上把它扶直。

泥灰土能吸收水分，但是，如果降水太多，它就没有足够的时间吸收全部水分。
这不是一种排水性强的土壤，而是能储藏极多物质的土壤，包括矿物质和大量水分。
它会很快被压实，因此要保持警惕。这种土壤里只有泥灰土，并且……
泥灰土是我的命。
我说的是彩虹泥灰土，因为它有好几种颜色，彩虹中的所有颜色。

我爱我的葡萄园，因为里面不光有葡萄树。
而在其他地区，春天草地一片嫩黄的时候，葡萄园就像一座军人公墓。
在这里，我们能看到很多母牛、灌木丛。
而且，这里地方够大。我可以选择我喜欢的小山丘，而在阿尔布瓦人就太多了。
因为葡萄园是受一个委员会管理的，如果你在里面没有熟人，那么好吧，你注定要失败！
然后，因为我的葡萄园都环绕在我家附近，所以我可以骑车去园子里，节省了不少时间。

去年夏天，我尝试给3行
葡萄树做了切边。
这是为了获得我的高级技师文凭所做的实习，
得出的结论是：不切边的话，我们总能获得
多出20%甚至30%的成熟果实。
树叶一定要茂密，因为一切营养都来自大气。让葡萄树在尽
可能高的地方有树叶，可以获得更多的糖分。

在这里，我能种红葡萄品种，因为土壤里有很多砾石。这一带安静、温暖、排水性好，土壤很快就变干燥了——总之，就是湿得快也干得快。

这里的黏土含量比泥灰土少得多，是一处崩塌的石灰岩峭壁。
这附近能找到很多崩塌的岩石，它们的历史可以上溯至布雷斯平原崩塌和汝拉高原隆起时期。

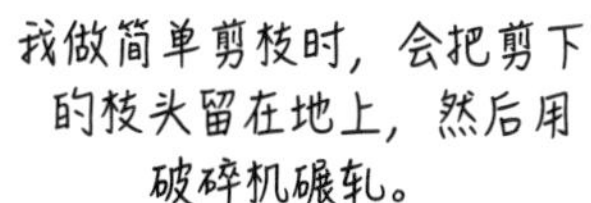
我做简单剪枝时，会把剪下的枝头留在地上，然后用破碎机碾轧。

反对这项技术的人认为它会给土壤带来太多物质，以至于微生物群难以消化。
他们称之为“氮的终结”，因为细菌工作得太多，精疲力竭而无法释放出氮。
至于我，我从没遇过这问题，土壤的活性总是太高。
我更倾向于认为这些物质是重归土壤。它们能带来生命力，不同于那些在浇化肥的土壤中生长的葡萄，那些葡萄都变得太脆弱和单一，缺乏多样性。

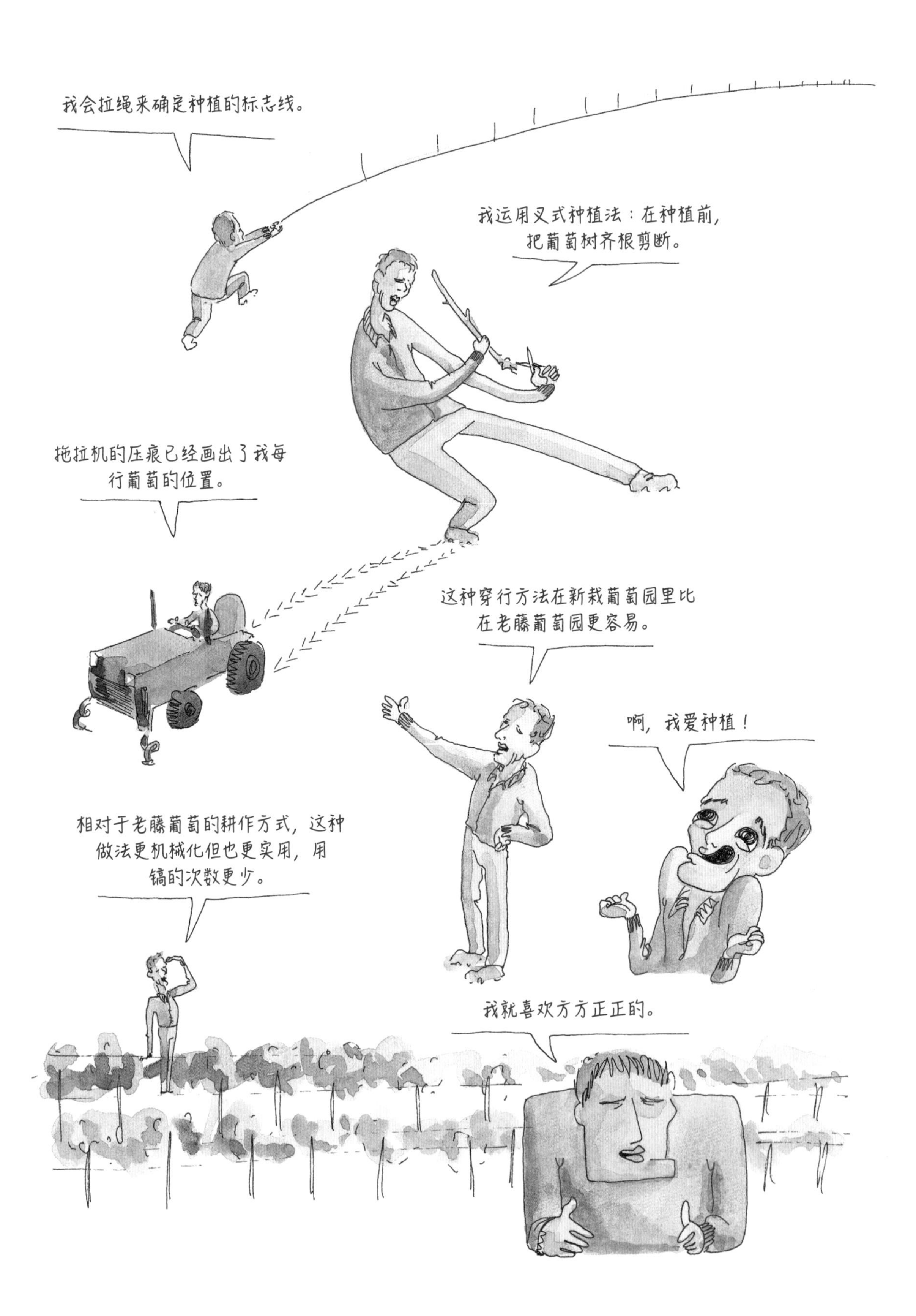
我会拉绳来确定种植的标志线。
我运用叉式种植法：在种植前，把葡萄树齐根剪断。
拖拉机的压痕已经画出了我每行葡萄的位置。
这种穿行方法在新栽葡萄园里比在老藤葡萄园更容易。
啊，我爱种植！
相对于老藤葡萄的耕作方式，这种做法更机械化但也更实用，用镐的次数更少。
我就喜欢方方正正的。

对我而言，好的风土，是一个已知品种能在这里绽放出某些东西，具有一种平衡、一种酸度，以及你在其他土地上不会获得的成熟度。
这不仅仅指土地，首先是品种、气候，然后才是土地。

接下来，我们还有先人的经验，有些是不好的经验。别做蠢事，在正确的地方种上正确的葡萄，这样，你总会收获好东西。
泥灰土不喜欢裸露在外，那样它会往下沉，会坍塌。

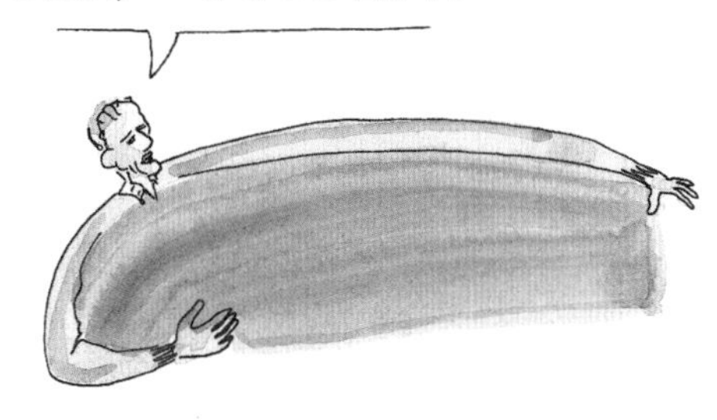
不同的颜色来自不同含量的矿物质，主要是铁，一层层地连续分布。

黏土中全是这种薄层，拥有惊人的贮存矿物质的能力。

好的土壤是水分处理得当的土壤：水流进来，流走，储存一部分但不会太多。不能散发出腐烂的气味，还得储备营养。
泥灰土是好土壤，但是太难耕作。它有时可以堆积至100米深。

在摩根·朱尔利耶家

汝拉省博姆莱梅谢于尔镇

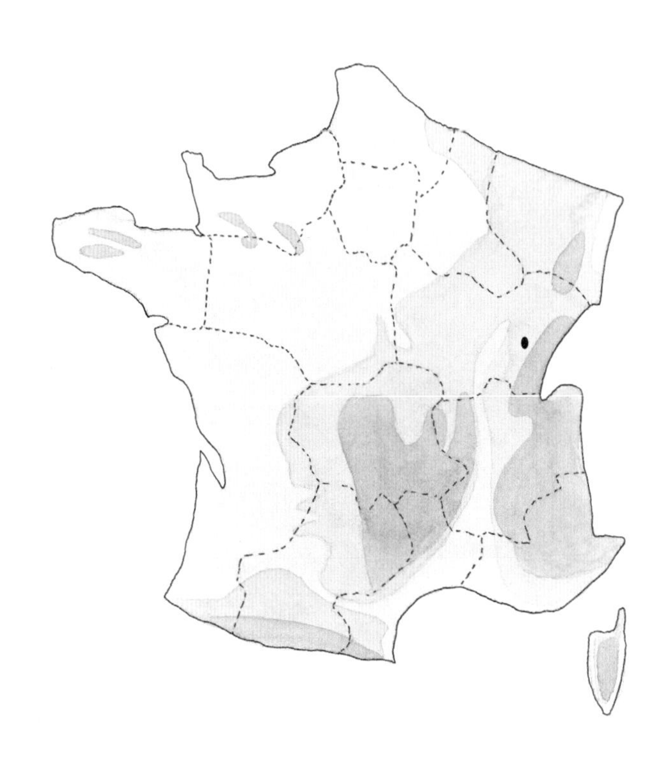

告别迪迪埃，我们来到了摩根家！

她还没有酿成自己的酒，但她刚刚收回了一小块位于大斜坡上的葡萄园，你听到这一切会有什么想法呢？这片园子不太整齐，每行葡萄树都高矮不一……但它是完全朝南的，天气很好，景色美不胜收，而且，摩根啊，真是活力四射！

她告诉我们，如何获得所有农业种植者都必须持有的“植物病药物学使用许可证”，以及培训老师讲给学生们的恐怖故事……她还让我们知道，汝拉是法国第一个设立有机种植酿酒葡萄专业高级技师文凭的省。嘻嘻嘻，汝拉万岁！

这里全天都能晒到太阳。好吧，是有些活要干，但重要的是，你在自己的葡萄园里感觉很好。得清除绞车周围的灌木丛，再找来一个马达，然后就一切搞定啦！

这样的一块地卖多少钱？
呃……我们正在等Safer的批准，不过在沙托沙隆法定产区，没人愿意开垦一块不能机械化耕作的土地。
只有真正痴迷的人才会收下这片葡萄园。此外，我觉得绞车是个不错的主意。
挑战是，如何用它做出点儿什么来。

我刚获得了一个证书，那不是一种文凭，但是你在买植物检疫产品时必须用到。

这证书具体是怎么获得的呢？

嗯，先在农业社会互助组织接受培训，他们会教你怎样在使用产品时做好自我保护。

然后，Fredon（Fédération Régionale de Défense contre les Organismes Nuisibles，即区级防控有害机体协会），对抗侵略性破坏分子的机构，会派人来指导你关注水的问题和草脱净之类的除草剂造成的污染。

此外，人们并非全都支持有机种植，比如之前合作社有两位运营了40年农业合作社的老太太，她们对在水里检测出来某些物质表示抗议，但并不因此就停止使用除草剂……

星期一，查查来给我们介绍了有机的替代办法。

他对我们谈起有机种植和生物动力法，
解释这些方法如何增强活力。有些人不能
全部理解，感到有点儿力不从心。

我是在读有机种植专业的高级技师文凭时拿
到的植物病药物学使用许可证，因为即使你只使
用硫和铜，也得学会保护自己。

然后，很多人都意识到他们用的产品
不好，也在找替代品，但不要那种让他
们觉得过于神秘的东西。

你得聊他们了解的东西：土地。

参与培训的人员组成非常有趣，几乎
什么人都有，为了使用这些产品，所有
人都必须持有这个许可证。

你那一届，女孩多吗？

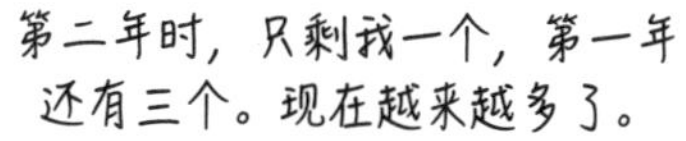
第二年时，只剩我一个，第一年还有三个。现在越来越多了。

但女孩找实习机会总是困难一点，得找找原因……
你呢，迪迪埃，你实习过吗？
实习过啊，两年前。除了搬运某些重物或者立木桩，95%的活儿女人都可以做。在汝拉，女孩可多啦！

在农业圈，女性的境况越来越好。我在梅多克的时候，所有男人都在酒窖当工人，所有姑娘都在园里干活。这是自古以来的传统。

而且，禁止女人进入酒窖的传说广为流传，因为女人来例假会让酒变质……人们还认为生物动力法太过另类！

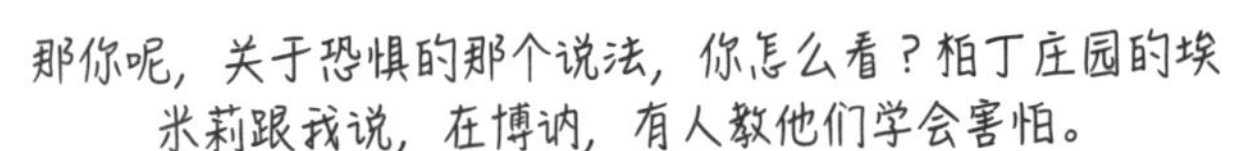
那你呢，关于恐惧的那个说法，你怎么看？柏丁庄园的埃米莉跟我说，在博讷，有人教他们学会害怕。

确实，关于酒或葡萄的病害，在葡萄种植和酿造课程的第二年会讲整整一年。

那段时间，我晚上都会做噩梦，梦见到处都是霜霉病斑……

然后，他们给我们看些很恐怖的东西，比如发病严重的葡萄串，你可能很少有机会看到那样的东西。

如果你成系统地使用化学产品治疗病害，就得有一种抗霜霉剂、一种抗粉孢剂、一种抗蜱螨剂，等等。这是零风险的策略，葡萄必须一直处于被保护的状态。很多钱都投在里面，他们把这当成预防性的投入。
是啊，可当你消灭了一切之后，葡萄也就失去自己的抵抗能力了。

在菲利普·让邦家

索恩–卢瓦尔省夏斯拉镇

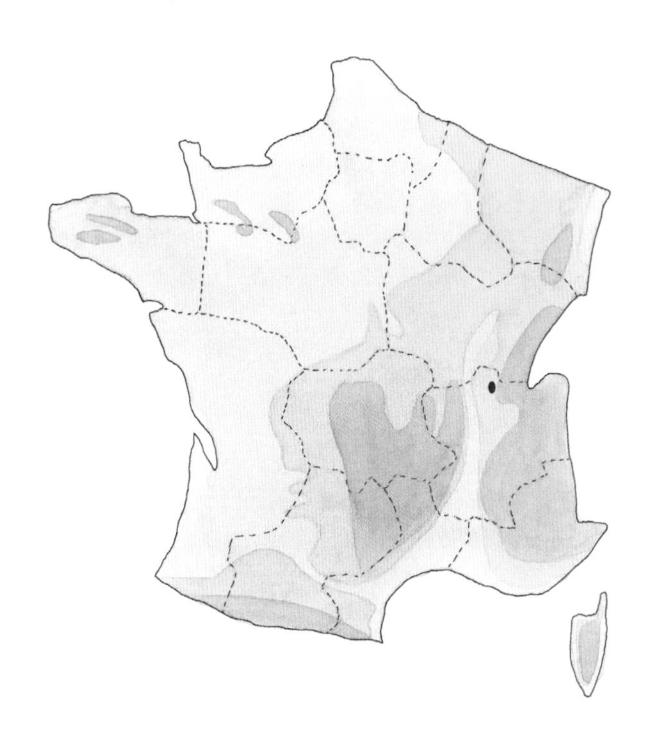

现在，我们抵达了博若莱的北部，河流勾勒出了此地与勃艮第之间的边界。

首先，菲利普向我们解释了他的做法和原因。而这一次，我们终于对各方面的问题做了一次整体的审视，从葡萄园直到酒杯。我们还讨论了人们对博若莱的成见和在这片区域肆虐的危机的起源。

在葡萄园中，菲利普向我们讲述了他常年遭受的冰雹灾害，但是以一种无比乐观的口吻。因为让邦先生具有团队合作的精神，所以他十分乐意以交易的方式（非常公正）与周边的酒农（其中就有莉莲和杰罗姆）建立起合作伙伴关系：他们被称为“让邦一族”。在气候不好的那些年，即使老天夺走了部分或全部的收成，他们还是一道做出了几款值得纪念的佳酿。说是“那些年”，其实这些年来一直如此……

像所有其他葡萄酒农一样，我们也认为自己在世界上最好的土地上劳作……但是，因为我们的情况是千真万确的，所以我们拒绝在上面使用任何化学产品！真用了化学产品，效果也好不到哪里去……有了这个好基础，我们重新种植曾失去过的采用杯式剪枝法、不被绑枝的矮树葡萄：它们长得比草还矮！我们把草割掉，放倒在地上，然后葡萄树就重新出现了。我们的土壤溶解于地表水和地下水。现有的丰富矿物质塑造了葡萄酒的个性，使它特点鲜明。为了让酒质清晰地代表土质，我们做出了决定，从2000年开始，对红葡萄品种（佳美），从2003年开始，对白葡萄品种（霞多丽），停止一切资源投入。发酵过程也许会停滞不前，我们可能获得醋酸盐，一种挥发性物质，含量先升后降，再升高，最后让整罐的葡萄酒都变酸……但就总体而言，效果都是不错的。没有任何别的东西介入，葡萄酒与品鉴者的感官和精神之间才可能进行真正的交流，不论品鉴者专业与否。“无添加葡萄酒”爱好者的品鉴享受，立足于对品质和愉悦感受的追求。亨利·罗克的话大概也有此意：“一款有缺陷的葡萄酒必有足够多的优秀品质才会被投入市场。”当我喜欢一款酒时，我会想到肯定有其他人赞同我的看法。如果这样的人很多，那我们就能全部卖掉！天然葡萄酒让许多专业人士和消费者不知所措、争执不断。这并没有关系，因为市场的供应量很少，而需求在不断增长：曾经想要试水的人都在被水淹没！

博若莱新酒节时，人们都会开怀畅饮，
然后又都感到反胃。
PAS CHER
SUPER
TOP
PROMO
à la mode
最初，在新酒品鉴会时，他们拒绝品尝，他们对我们说自己不喜欢博若莱酒。
“我只喝圣-阿穆尔产的酒，再不济也要是风磨坊产区的！”
圣-阿穆尔
71
69
风磨坊
博若莱酒庄法定产区
博若莱
唔唔……

博若莱葡萄园面积的增长源自市场需求、期酒现象和便宜的价格。
低收入者想买也都能买得起博若莱新酒。
但是，从1997年危机爆发前期开始，葡萄酒农们意识到他们不能再这样无限扩大产量了。
现如今，情况变得更复杂。原则上，人们不喝葡萄酒也能活，它不属于必需品，而有点儿像珠宝或名画。

我们的问题是，连续3年遭受冰雹灾害。
但是我们没得选！只能忍受气候灾害。幸好我们有保险……
但好消息是，貌似冰雹带每4年换个地方！

过去，人们常常翻耕土地，而且耕得很深。

他们想要洁净的葡萄。那时候土地被侵蚀得很厉害。

我的话，宁愿在斜坡上种草来抵抗侵蚀。

按理说，春天是不会有大暴雨的。

我们每隔两行葡萄树就种一行草，用来应对天气灾害，这样情况就不至于太差……

在杰罗姆·吉夏尔家

索弗泰尔庄园

索恩-卢瓦尔省蒙博莱镇

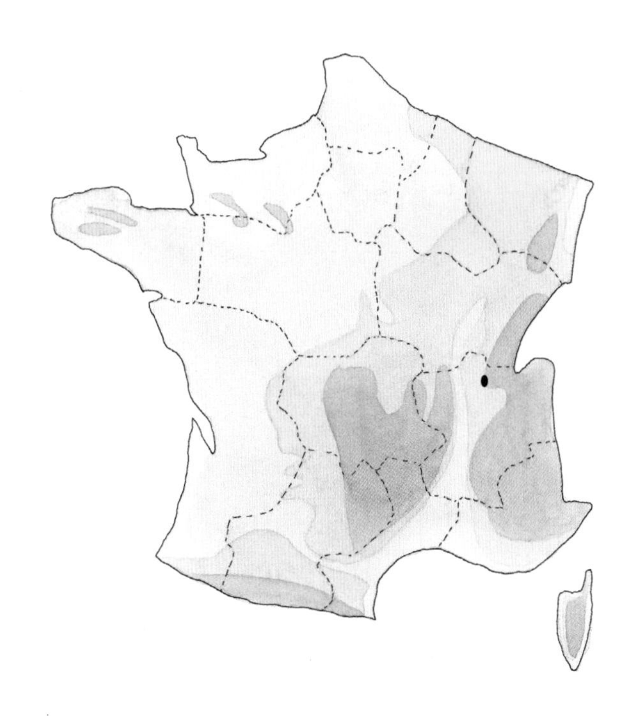

杰罗姆在2011年买下了居伊·布朗夏尔的葡萄树，园子位于一个土质交叉的地带，既有博若莱的花岗岩砂砾，又有勃艮第的石灰土。

在培训期间，弗朗索瓦·达尔的“尊重自然”的剪枝方法让他非常困惑，又很受触动，他向我们展示了他如何给自己的葡萄树塑形，这样能让树液流动得更顺畅。

另外，即使杰罗姆的种植策略与前任主人的不同，也不妨碍他对居伊表达感激之情。

我们接受弗朗索瓦·达尔的培训已经有几个年头了。第一次培训，
我和菲利普一起去的，在他的葡萄园里，我们离开时，脑袋里想的都
是："老天啊，我们竟干了20年的蠢事！"……
好啦，老葡萄树干上的坏死部分得拿掉。
需要给它通风，去掉所有生病的部
分，即"火绒体"，树干将恢复生机。
夏天过后，我们要修剪枝条，去掉在
结果长枝之间生长的小枝，好让两条
母枝中流淌更多生机勃勃的树液。

然后，了解老树里汁液的流动是很困难的，因为之前的剪枝做得很不好……
这是我采用居约·普萨尔剪枝法的第4年。最初的一年，效果很不明显，你得绞尽脑汁……
因此，你其实是在修复你的葡萄植株？
正是……而且，修复得越有效，生机恢复得越快。
你想从树干最下面开始做修复……事实上，这么做的目的是去掉所有曾经遭受折磨的部分。

我接手葡萄园的时候，里面有堆了10年的培土……
前人只对葡萄树行间的土地做除草。

我那时还没有买圆盘犁，没有任何工具可以既伸进土里又不毁坏树干，因为野草的根都扎到了土壤里……

唯一有效的家什就是镐。用镐除半行草需要一个半小时。在剪枝前，我花了两个月来除草。

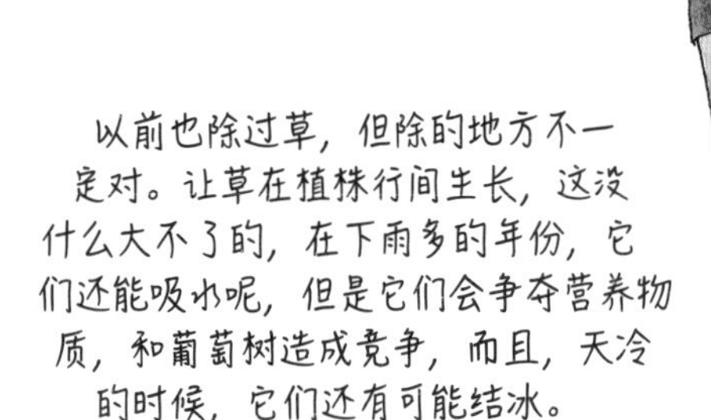

以前也除过草，但除的地方不一定对。让草在植株行间生长，这没什么大不了的，在下雨多的年份，它们还能吸水呢，但是它们会争夺营养物质，和葡萄树造成竞争，而且，天冷的时候，它们还有可能结冰。

于是，头几年，我把每个角落的草都除遍了，然后，到头来，我不得不承担这行为的后果：葡萄树倒是生长得非常旺盛，而我得不停应付各种病害。

因此，我试着找到一种平衡：除掉葡萄树下的草，留下行间生长的草。事后证明这真是一种完美的平衡！

好嘛，老兄，我从没见过这么多葡萄！哎呀，真让人高兴啊！

在利连·博谢和索菲·博谢家

罗讷省朗西耶镇

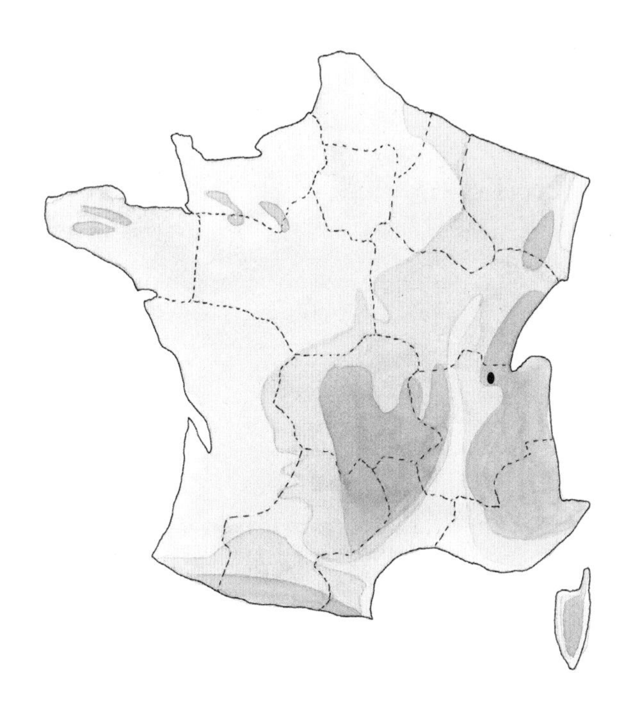

他们从另一边来。从河那边来。因为在弗勒里的7公顷葡萄园不能满足利连的愿望，规模太大，难以好好利用。为了从零开始，他放弃了精心照顾5年、才刚刚开始收益的葡萄园，这需要何等的决断力！

利连在这里向我们阐述了他对于切枝的后果的看法，与别人的略有不同，特别是对于维持葡萄果实平衡的影响，他还聊到葡萄园的朝向、修枝、剪除赘芽和混种等方面的问题。不过，他在这些方面考虑的问题，可真不少啊！

关键是，我想独自工作。
为什么？

因为我不是一个好的管理者。我觉得，管理一个团队是件麻烦事儿。

想放松一下都不行，因为你是老板；手下的人混日子，你得冲他大吼大叫，因为你是老板……我一直想要自由。
还有，想要骑马工作，不用四处奔波，在我的每片葡萄园里花更多时间。
做做园艺什么的！

我啊，还是个孩子，才刚刚起步呢。从头开始还挺有意思的。
在弗勒里时，我觉着冰草还挺可爱的，看到它们长出来时我特别高兴，但是当我看到它们把我的园子弄得乱七八糟……
在从前用化学产品处理的葡萄园里重新种植，还是很有趣的。我从前转换过一次种植方法，因此能更好地预见结果！

为什么有这么多铁丝？
因为时不时需要绑缚枝蔓，有些时候则不用。像现在，最好是绑缚一下，因为枝蔓长得太旺盛了。我没有切掉全部枝蔓。
是吗，为什么？是因为之前使用的常规种植法吗？因为拖拉机？
不，跟化学产品没有一丁点关系。主要是由于干旱，为了尽可能地遮挡阳光。
而且，对于长得这样旺盛的葡萄树，不修剪枝蔓总归更好，不然的话，容易形成很多分叉侧枝，致使生长速度变慢，但是……

但是？
但也会增加光合作用，因为生长出了更多的树叶。
还会结出青果，就是会使植株衰弱的次生果实。我们都知道，如果给一株植物切枝，就会扰乱树液的流动和生长激素的分泌。
同时，这样做也特别有利于让葡萄果实长大。
但是，如果让果实过早长大，会令它们变得脆弱，因为结出的果实很大而果皮却太薄，从而更容易生病。
然后，果实的成熟期也会被推迟。所以，事实上，到底剪还是不剪，完全取决于年份。

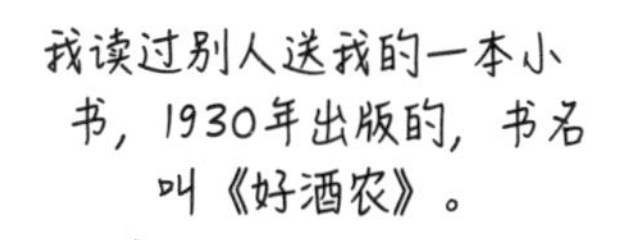

我读过别人送我的一本小书，1930年出版的，书名叫《好酒农》。

上面讲到，当时有一种小钳子，可以用来在结果部位的枝蔓上部捏一下，又不会把枝蔓弄断。这样既可以让葡萄串长大，又不会形成分叉侧枝。

你瞧，这种操作现在已经不复存在了。

但是，在2015年，由于天气酷热，不做切枝更有利，因为在果实周围可以获得尽可能多的阴影！

而且，我们都知道，实际上酸度与两个因素有关：温度，还有光照强度。

阴影越多，温度越低，接收的光照越少。

所以，保留更多树叶，你的葡萄会比曝露在大太阳下有略多一点儿的酸度。

唔……

在这里，你像南方人那样把佳美修剪成篓形吗？
是的。按照弗朗索瓦·达尔的说法，通常应该剪得“马虎一点”，就是说，如果你剪得太干净，就太曝露葡萄树干的中心了。
可以肯定，枝蔓不会重新生长了，因为你把所有休眠芽都破坏了。而他想表达的是，不如回头多剪几次赘芽。
那你怎么剪除赘芽？
拿一个铁线圈摩擦所有芽尖。这样做看起来很古怪，所以得有坚定的信念。达尔说这是最尊重植物的做法。
不应该阻断树液的流动。

瑞士人、奥地利人和德国人，他们工作起来同心协力，走得更远。
他们杂交两株不同品种的葡萄树，如果生长良好，就把这株杂交的树与另一个品种（比如欧洲品种）再杂交。
现在他们已经培育出第五代或者第六代品种了。法国人却因为转基因产品而被耽误了，停滞不前。
我对杂交很感兴趣。主管部门要求葡萄酒农变换农药产品，因为粉孢菌太容易产生抗药性。
有意思的是，与此相反，对于铜和硫一类的“天然”产品，它们则没有这种抵抗力。
生命，是一个互动的世界。不过，如果一个杂交品种连铜和硫都不需要用，那真是棒极了！

在唐蓬-克里纳门家

法兰西岛大区维尔塔纳斯镇

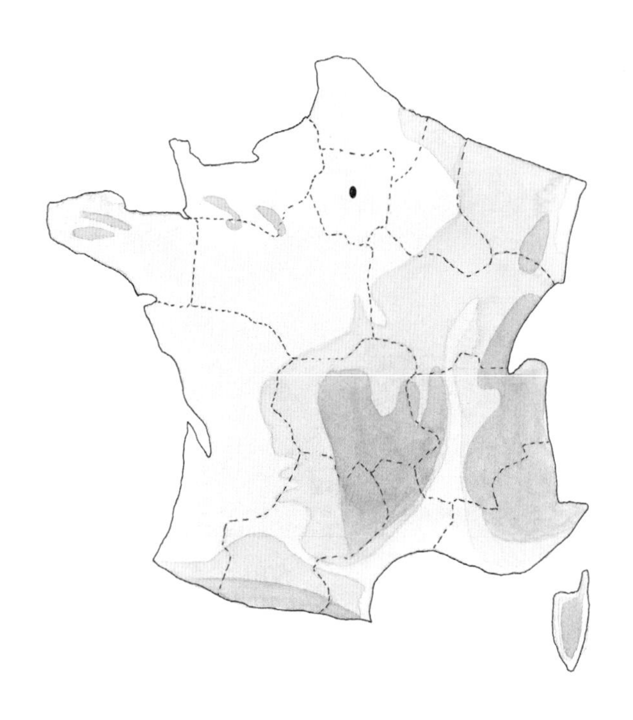

从前，马克·费尔夫，亦名唐蓬，是巴黎的顽劣分子、葡萄酒之友，而克里纳门则是一家协会，致力于在城市土地上恢复农村的实践。

他们在巴黎第十三大学维尔塔纳斯校区投资了一块地作为葡萄试验田。他们获得了来自各个阶层的志愿者的帮助，志愿者们的劳动以TU币（唐蓬用益权）为单位计酬，并最终将依此分配集体劳动的果实。

这里的葡萄种植方式在别处是见不到的，因为人们能自由地尝试、比较各种试验结果，而酒农们自己出于时间和法规的限制很难这样操作。

从铺草席、使用田垄到种裸藤，马克、纪尧姆·勒泰里耶（克里纳门）和帕特里克·德普拉（安茹的酒农）向我们展示了维尔塔纳斯葡萄园大胆试验的成果。

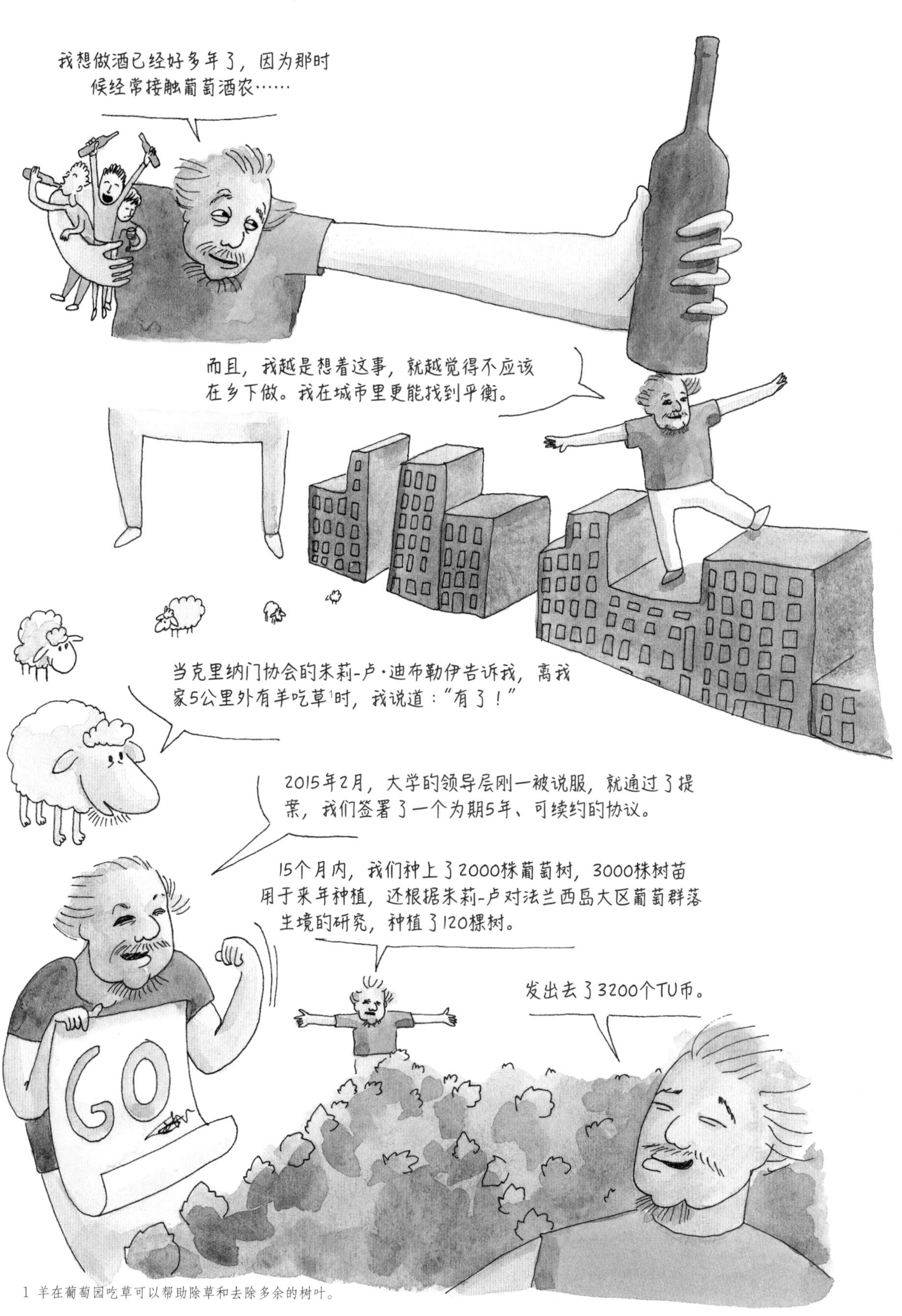

我想做酒已经好多年了，因为那时候经常接触葡萄酒农……
而且，我越是想着这事，就越觉得不应该在乡下做。我在城市里更能找到平衡。
当克里纳门协会的朱莉-卢·迪布勒伊告诉我，离我家5公里外有羊吃草[1]时，我说道："有了！"
2015年2月，大学的领导层刚一被说服，就通过了提案，我们签署了一个为期5年、可续约的协议。
15个月内，我们种上了2000株葡萄树，3000株树苗用于来年种植，还根据朱莉-卢对法兰西岛大区葡萄群落生境的研究，种植了120棵树。
GO
发出去了3200个TU币。

1 羊在葡萄园吃草可以帮助除草和去除多余的树叶。

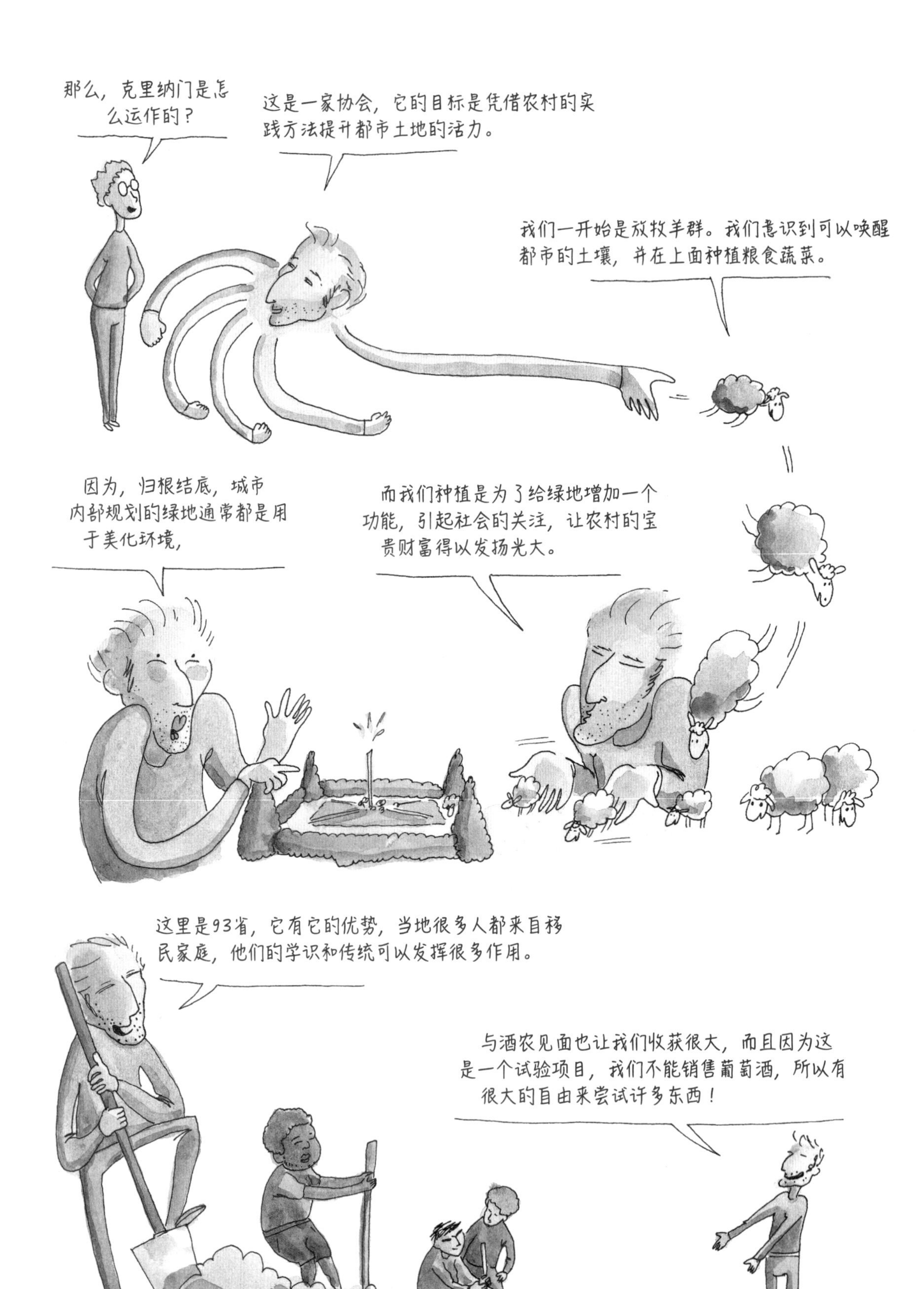
那么，克里纳门是怎么运作的？
这是一家协会，它的目标是凭借农村的实践方法提升都市土地的活力。
我们一开始是放牧羊群。我们意识到可以唤醒都市的土壤，并在上面种植粮食蔬菜。
因为，归根结底，城市内部规划的绿地通常都是用于美化环境，
而我们种植是为了给绿地增加一个功能，引起社会的关注，让农村的宝贵财富得以发扬光大。
这里是93省，它有它的优势，当地很多人都来自移民家庭，他们的学识和传统可以发挥很多作用。
与酒农见面也让我们收获很大，而且因为这是一个试验项目，我们不能销售葡萄酒，所以有很大的自由来尝试许多东西！

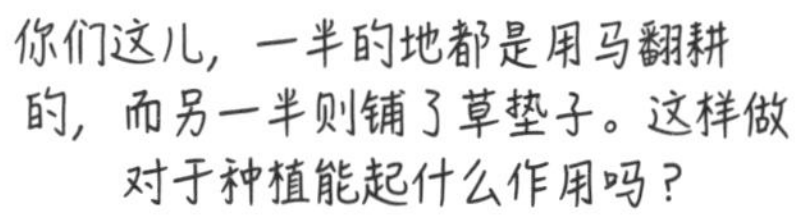
你们这儿，一半的地都是用马翻耕的，而另一半则铺了草垫子。这样做对于种植能起什么作用吗？

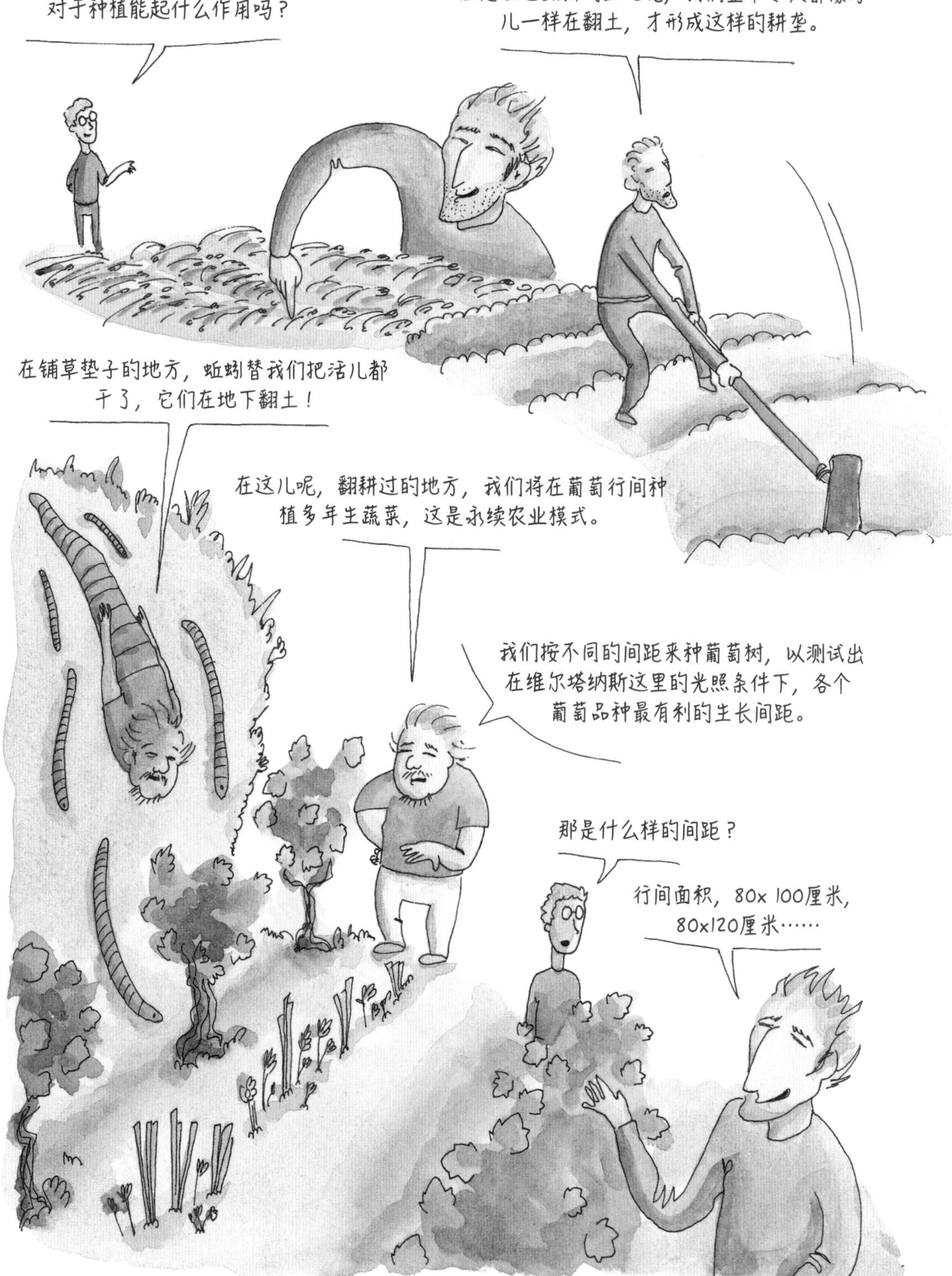
你看，草垫子的话，轻轻松松就能插进手指，但是经过翻耕的土地呢，我们整个冬天都像马儿一样在翻土，才形成这样的耕垄。
在铺草垫子的地方，蚯蚓替我们把活儿都干了，它们在地下翻土！
在这儿呢，翻耕过的地方，我们将在葡萄行间种植多年生蔬菜，这是永续农业模式。
我们按不同的间距来种葡萄树，以测试出在维尔塔纳斯这里的光照条件下，各个葡萄品种最有利的生长间距。
那是什么样的间距？
行间面积，80x 100厘米，80x120厘米……

这里是一个真正的实验室！
是的，一个永续农业式的葡萄园—花园—菜园。
中世纪的绘画上就是这样的场景。
你总能看到一个贵族青年和他的美人在葡萄田垄和菜园中演奏乐曲。
但是，工业革命将一切都抹平了……

在田垄上，他们会种洋葱、大蒜、韭葱、刺菜蓟、金盏花、香芹……不再需要翻耕株间土，也不再需要用镐除草了……
两年之内，除了维护葡萄树脚下的草褥子，剪剪枝蔓，喷点荨麻肥、聚合草和问荆药剂，就无事可做啦，都不需做任何其他处理！

这是，你从苗圃取的树苗，然后种在事先准备好的土地上？
是呀，我把根剪短了，以确保它们往下长，不然，像这样长长的根，会钻上来的。
然后，为了排出空气，你得好好压紧，否则菌类就完蛋了。另外，我们还需要水！

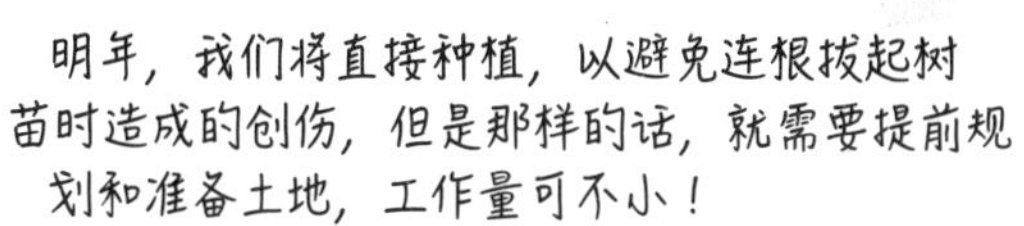

明年，我们将直接种植，以避免连根拔起树苗时造成的创伤，但是那样的话，就需要提前规划和准备土地，工作量可不小！

你们种的是裸藤？不用砧木吗？根瘤蚜呢，你们就不怕吗？

不怕。我种的这株，来自让-皮埃尔·罗比诺的葡萄园，已经114岁了，它经受住了根瘤蚜虫害。我还种上了我那些110岁高龄的诗南，它们连续6代都抵抗住了根瘤蚜的侵袭。

在法国，有一些葡萄树经受住了考验。关键是，与其以砧木作为解决办法，为什么人们不试着去弄明白这些葡萄是如何幸存下来的？

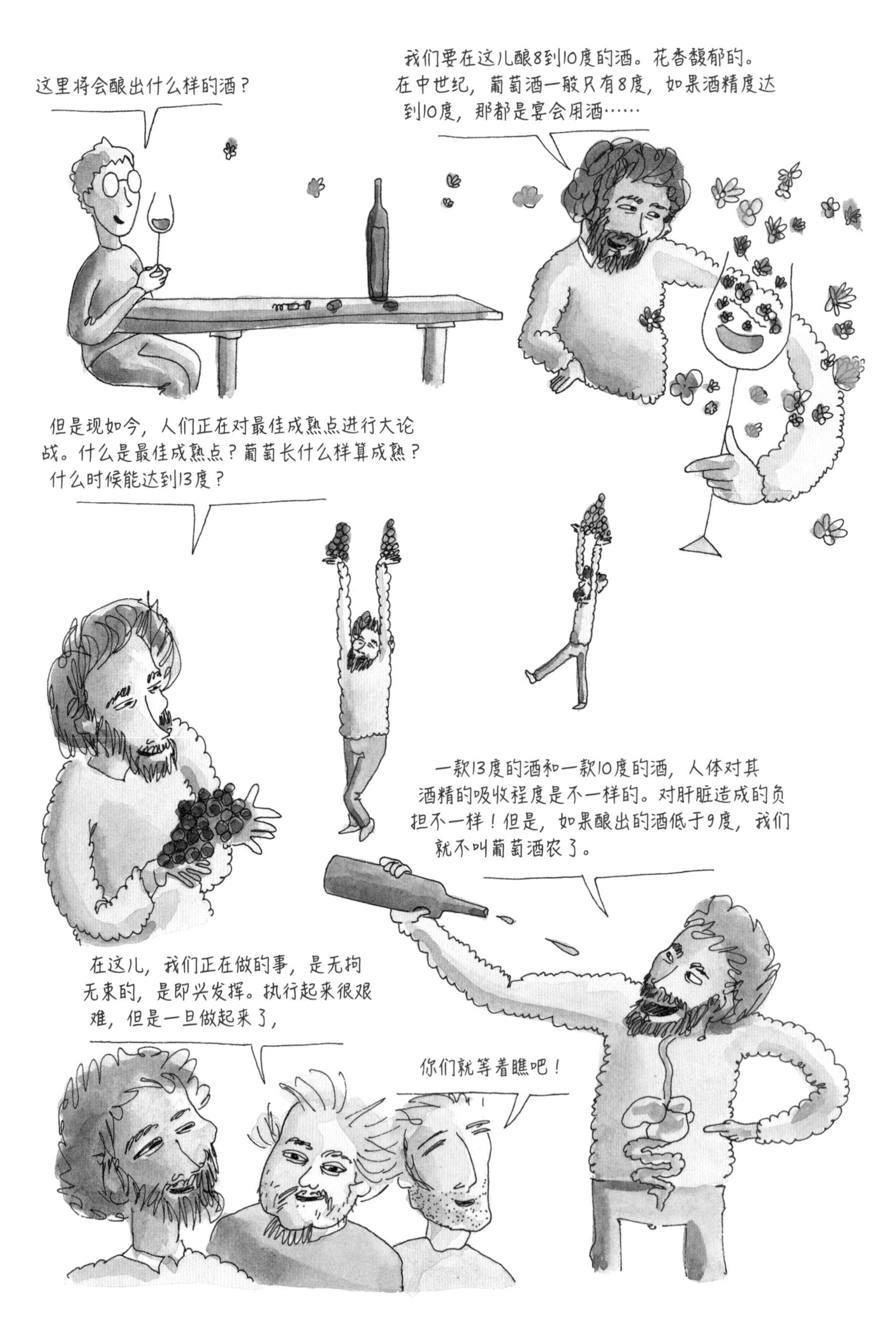
这里将会酿出什么样的酒？
我们要在这儿酿8到10度的酒。花香馥郁的。在中世纪，葡萄酒一般只有8度，如果酒精度达到10度，那都是宴会用酒……
但是现如今，人们正在对最佳成熟点进行大论战。什么是最佳成熟点？葡萄长什么样算成熟？什么时候能达到13度？
一款13度的酒和一款10度的酒，人体对其酒精的吸收程度是不一样的。对肝脏造成的负担不一样！但是，如果酿出的酒低于9度，我们就不叫葡萄酒农了。
在这儿，我们正在做的事，是无拘无束的，是即兴发挥。执行起来很艰难，但是一旦做起来了，
你们就等着瞧吧！

与马索·布尔达里亚一起

科雷兹省的剪枝专家

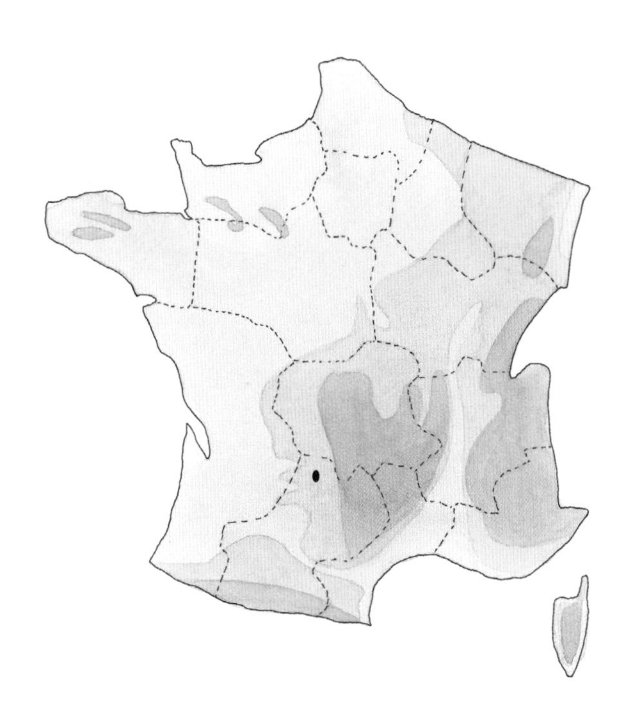

我们很难给马索一个固定的头衔，因为他有多种获得成功的方法，不过他的自我介绍倒是很中肯：“生命知识的培训者和传递者”。他的工作与弗朗索瓦·达尔发起的英勇的剪枝革命遥相呼应。

我们在卡奥尔市的西蒙·布瑟家见过他，当时弗朗索瓦·圣-罗和他的哥们儿安托万也在。如果错过那次与他交流的机会就太可惜了，而参与交流的人越多，所得到的信息也总是越丰富。他当然说了许多特别有趣的事儿，但我们在此仅特别整理出关于剪枝和植物生理学的内容。单单这方面的信息就够丰富了！

是葡萄自己来找的我。一开始，
我接受的是关于树的培训。
一棵树与一株葡萄的根
本区别是什么？
它们与生态系统建立联系
的运作方式是相似的。
然后，在10年后，一棵树的
直径生长至20厘米，而一株
葡萄的是4厘米。
葡萄啊，是一种藤本植物。
它的策略就是登上树冠，迂回
环绕，爬向更高处。

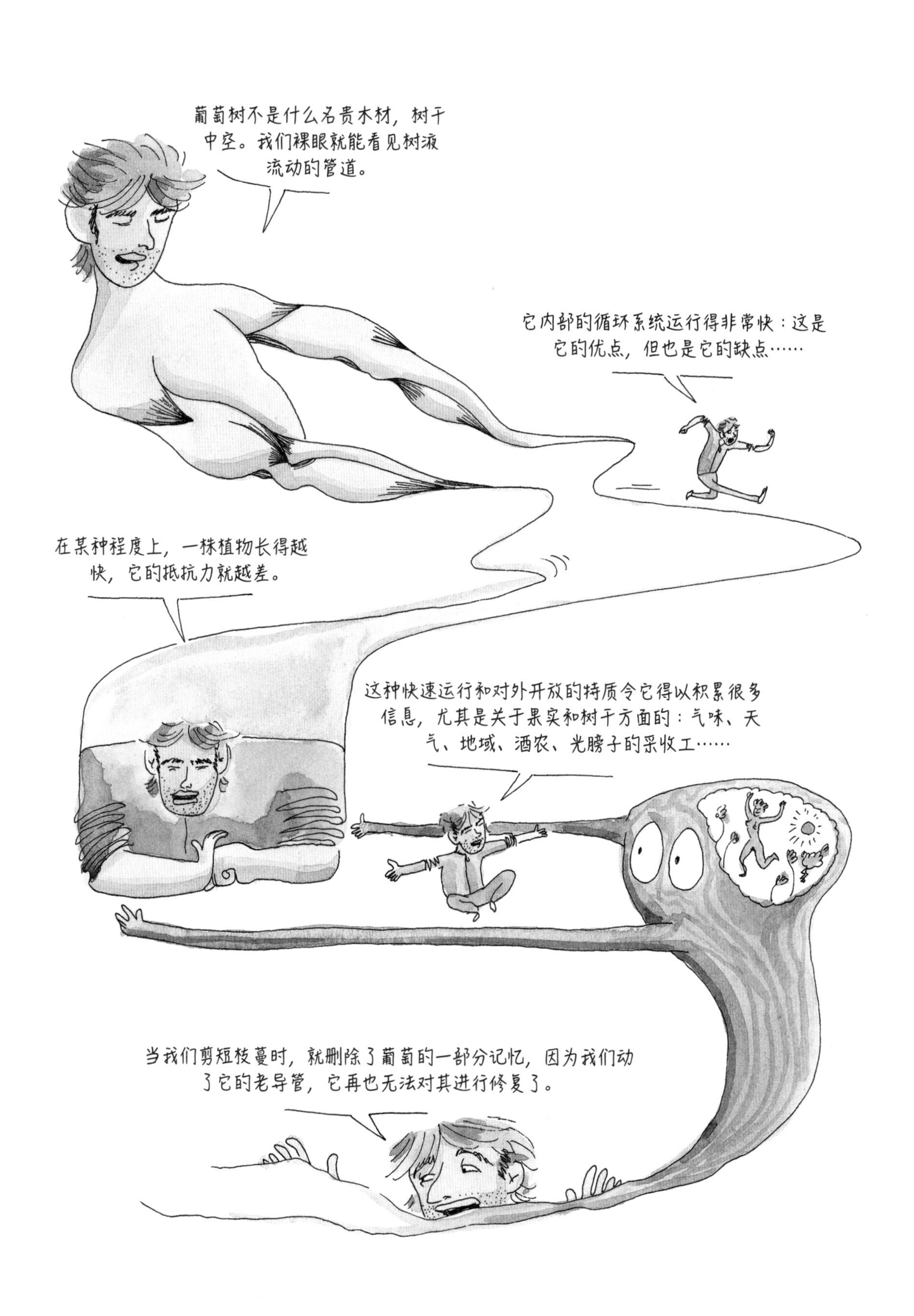
葡萄树不是什么名贵木材，树干中空。我们裸眼就能看见树液流动的管道。
它内部的循环系统运行得非常快：这是它的优点，但也是它的缺点……
在某种程度上，一株植物长得越快，它的抵抗力就越差。
这种快速运行和对外开放的特质令它得以积累很多信息，尤其是关于果实和树干方面的：气味、天气、地域、酒农、光膀子的采收工……
当我们剪短枝蔓时，就删除了葡萄的一部分记忆，因为我们动了它的老导管，它再也无法对其进行修复了。

然而，你怎么会想到做这方面的培训呢，关于尊重自然的剪枝方法？
我那时发现酒农们有很多问题，而且都在想法儿弄明白，于是我就朝这个方向前进了！
他们与埃斯卡病害进行了大量的斗争……
于是，我建议做与剪枝有关的植物生理学培训。效果很好，消息传遍了整个西南部。
3年来，我持续地给有机种植者群体和几家农业公会提供培训。

这种方法全然不同于他们
学过的方法。
注意力放在植物身上而非经济效益上。
这种方法受植物的支配……为
了结出更好的果实。
你要怎样做才能让他们对学校老师
所教的剪枝知识提出疑问？
用电锯锯成两半后，葡萄树
的一生一目了然！

在19世纪，有一个叫德泽米尔·赖因霍尔德的人带来了一些葡萄藤进行研究，它们在一位细木工匠的庭院里遭受了根瘤蚜虫害。

他认为剪枝造成的伤口会使植物变得脆弱，从而生病。

他曾想到，在剪枝的时候，留下第一根枝蔓的冠状芽，然后通过保留葡萄蔓的枝芽让它保有生命力，以免干扰为新结果长枝提供养分的树液。

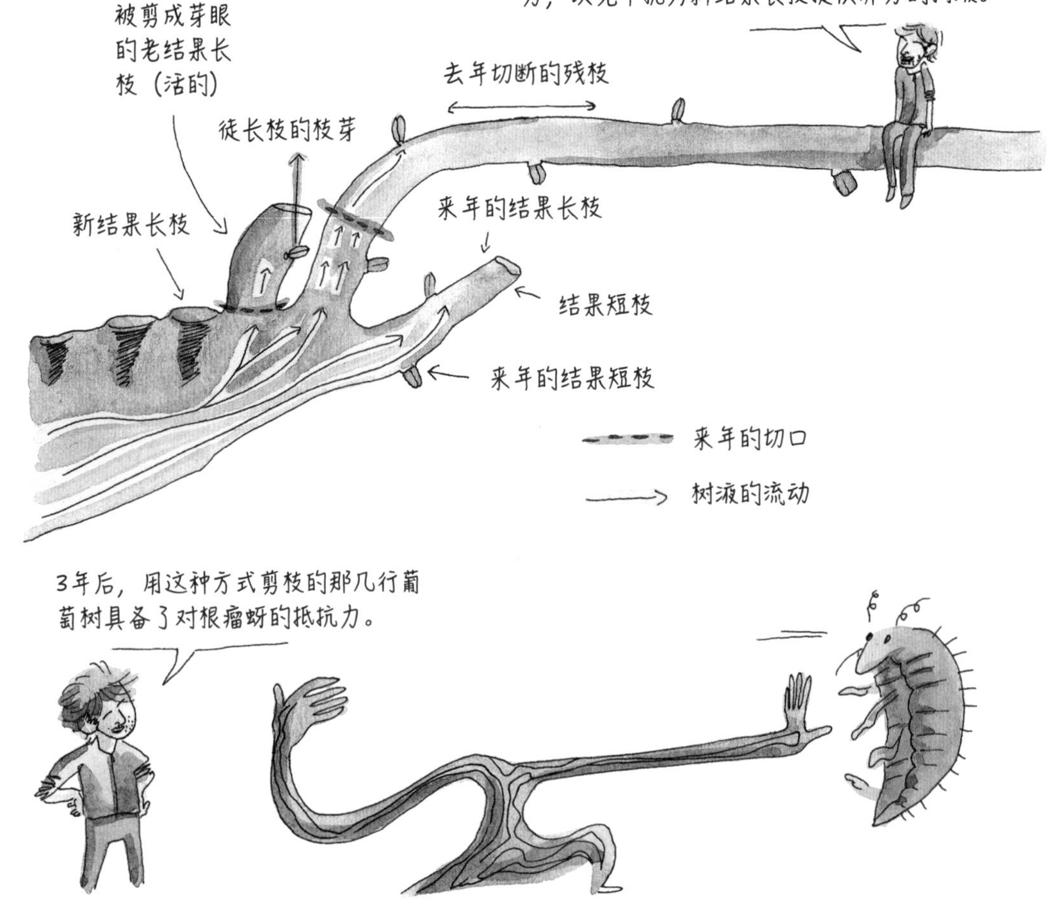

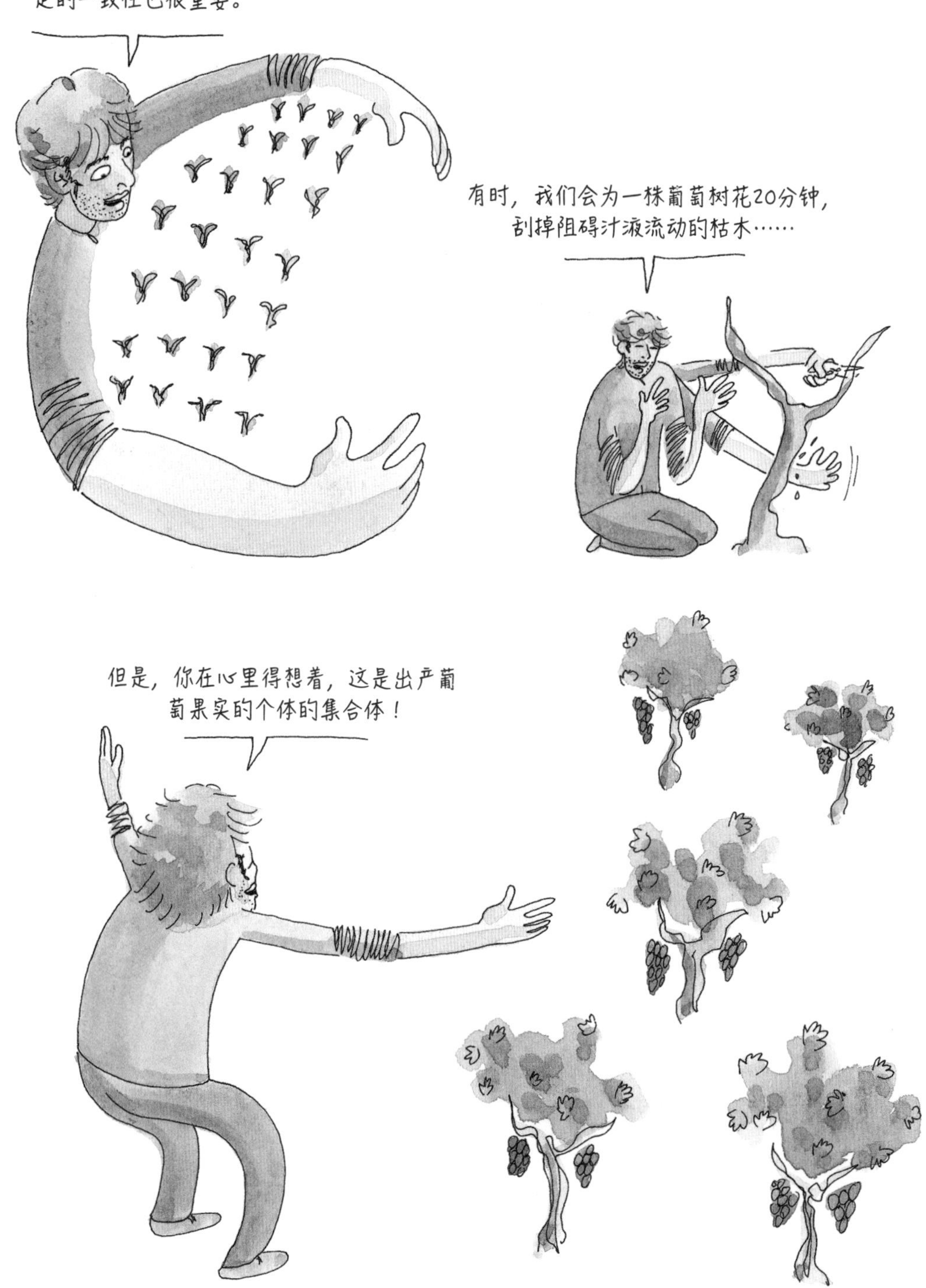
我们可以因地制宜地为每株葡萄修枝，但是在同一片园子里保持一定的一致性也很重要。
有时，我们会为一株葡萄树花20分钟，刮掉阻碍汁液流动的枯木……
但是，你在心里得想着，这是出产葡萄果实的个体的集合体！

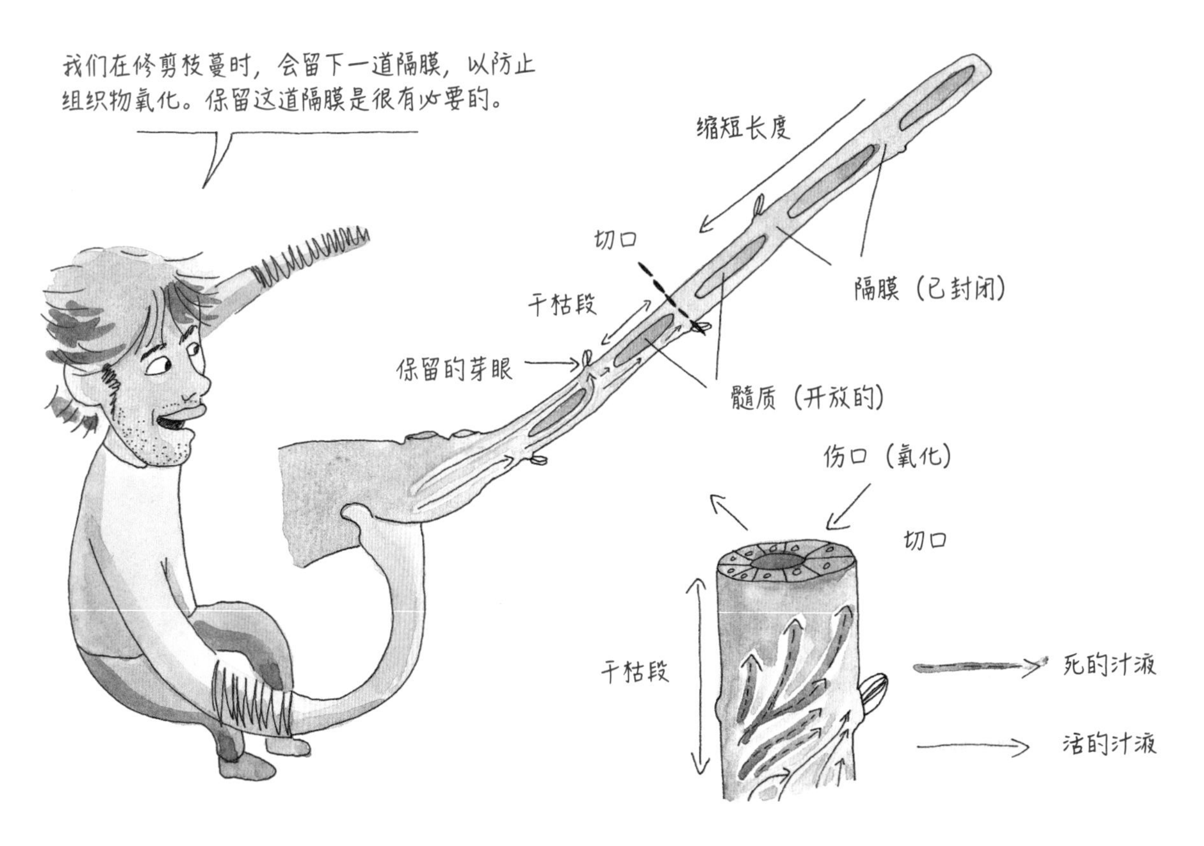
我们在修剪枝蔓时，会留下一道隔膜，以防止组织物氧化。保留这道隔膜是很有必要的。
缩短长度
切口
干枯段
隔膜（已封闭）
保留的芽眼
髓质（开放的）
伤口（氧化）
切口
干枯段
死的汁液
活的汁液

将一根枝蔓完全剪除，刮平创口，这种方法不可取，按遗传学原理，植物会因而变得慌乱，制造出很多赘芽并坏死。
植物都在不停地寻求平衡。
人类的每一个动作都会打破它的平衡。面对植物的反应，必须找准问题所在。

酒农所有的手势、动作和投入都会
对植株产生影响。
首先是物质方面的，通过翻耕土地、
修剪植物和喷洒药剂。

但同时，在能量方面也会产生更微妙的影响，
通过他的出现、期待、担忧、快乐……这些会以波
的形式渗透到他周围的环境中。
他的性格和情绪会影响他工作的方式，与大自然联结
的方式。而且，植物也会反作用于葡萄酒农！
我能量
满满。
葡萄啊，
真是太美了！
为什么
是我……
在一片葡萄园里、一片麦田里还是在一
棵树下，那感觉是很不一样的！

微生物对这些能量的感知力更强。
细菌、酵母和真菌都对其他生物的辐射能量超级敏感。
是它们帮助植物吸收养分，并使人类得以消化食物和保护自己的皮肤。
是它们通过一系列复杂的反应将葡萄转变成酒。
所以，先在葡萄园，然后在酒窖，酒农全部的爱与其他生命共同照耀和创造了葡萄酒！

在卡米耶和马蒂亚斯·马凯家

莱斯提亚克酒庄

多尔多涅省西古莱镇

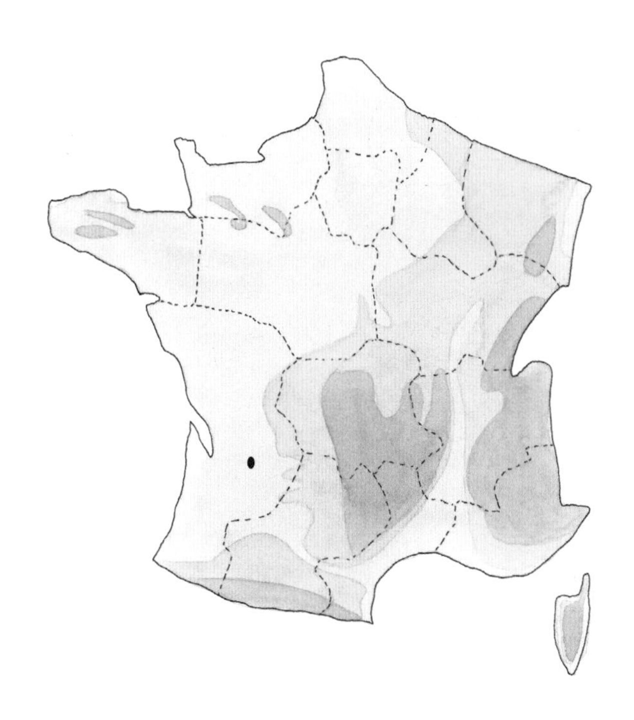

卡米耶的祖父母从前拥有几片葡萄园。卡米耶与马蒂亚斯在庄园安了家，心想，为什么不呢？他们俩不缺各种治疗病害的想法：卡米耶厌倦了用植物做的汤剂，她向我们解释了他们采用的巧妙的替代办法。

弗朗索瓦和安托万随我们一起，利用这个机会传达马索关于剪短枝蔓的想法。

马蒂亚斯向我们展示了他通过保留本地葡萄品种对抗气候变暖的战略计划。令人意外的是，梅乐居然出现在了他家里！

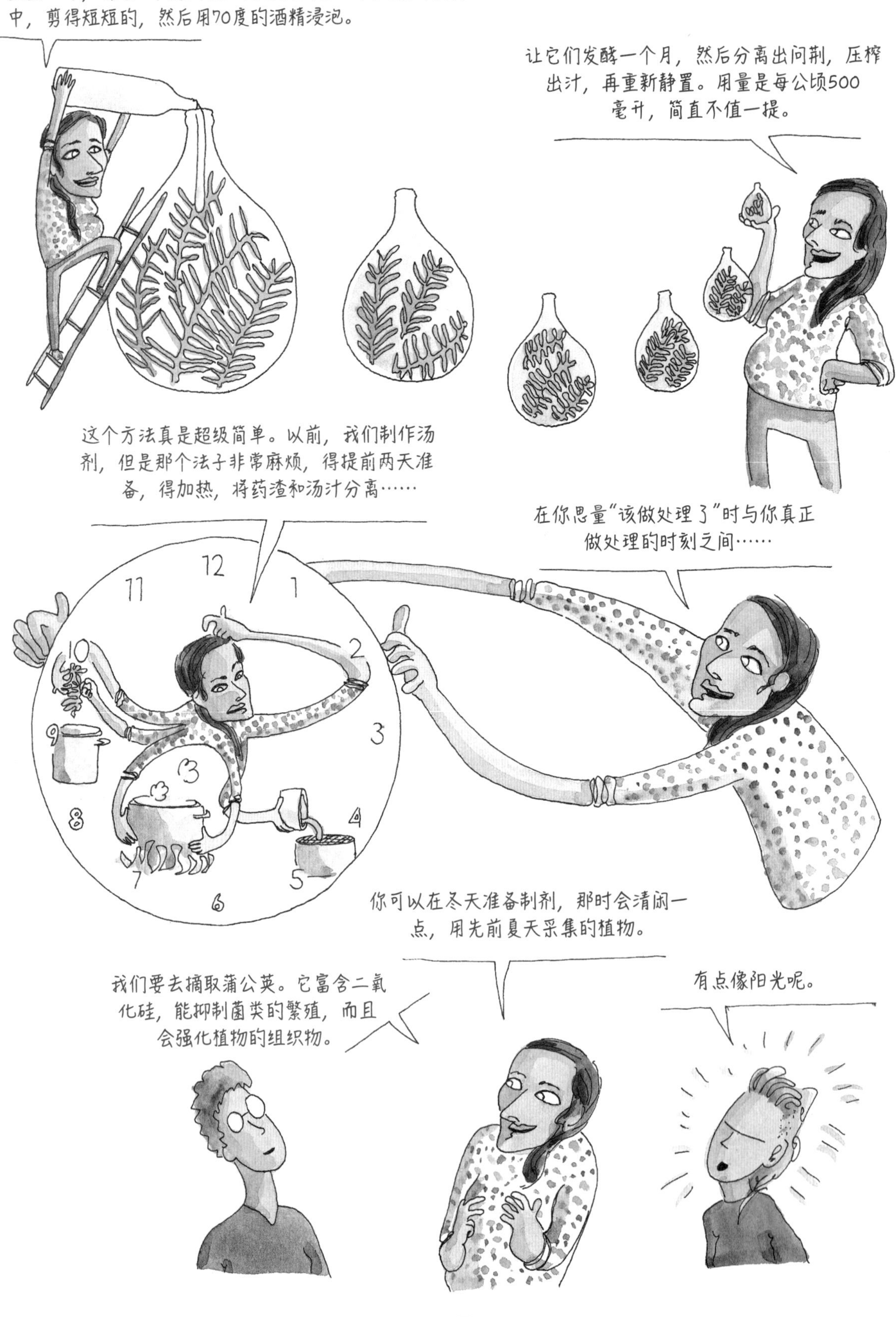
整整一季，需要5千克问荆。把它们放在一个短颈大腹瓶中，剪得短短的，然后用70度的酒精浸泡。
让它们发酵一个月，然后分离出问荆，压榨出汁，再重新静置。用量是每公顷500毫升，简直不值一提。
这个方法真是超级简单。以前，我们制作汤剂，但是那个法子非常麻烦，得提前两天准备，得加热，将药渣和汤汁分离……
在你思量“该做处理了”时与你真正做处理的时刻之间……
12
11
1
10
2
9
3
8
4
7
5
6
你可以在冬天准备制剂，那时会清闲一点，用先前夏天采集的植物。
我们要去摘取蒲公英。它富含二氧化硅，能抑制菌类的繁殖，而且会强化植物的组织物。
有点像阳光呢。

这里，原来种植的葡萄藤长到了3米长，我们便把葡萄蔓完全剪掉，之后它们又都长出来了。

但是，我们剪的位置太高了，我想我们得重新剪一次。像这样，剪到这个位置，留下两根科特枝。

马索说过完全剪掉的技术并非那么简单，还是要谨记，所有的老枝条都是植物的记忆。

总之，如果你把它剪掉，葡萄树会忘掉在它生命中发生的一切，这会让植株变得更脆弱。

是啊，这个关于记忆的说法真是疯狂！他还说：“你看这些老葡萄树，它们经历了很多场严寒，所以当它们再面对同样的严寒时，会更有抵抗力，因为它们有经验。”

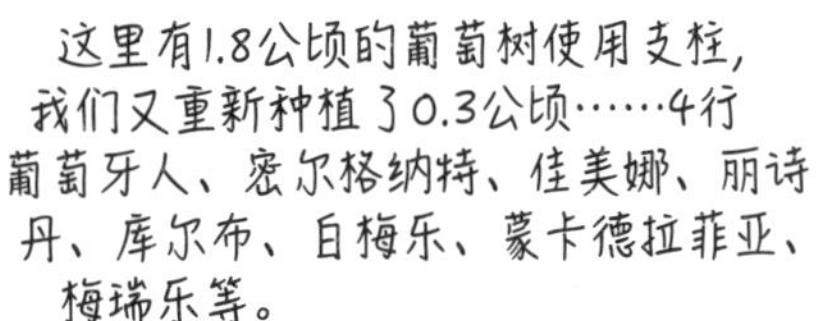
这里有1.8公顷的葡萄树使用支柱，我们又重新种植了0.3公顷……4行葡萄牙人、密尔格纳特、佳美娜、丽诗丹、库尔布、白梅乐、蒙卡德拉菲亚、梅瑞乐等。

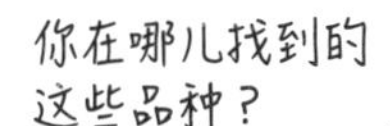
你在哪儿找到的这些品种？

从当地一所学院！无论如何，我种植的密尔格纳特是全法国最多的！我去学院找的时候，那里只剩3株了……

我真是高兴坏了！在西南部，你真的可以找到超级多的葡萄品种，我好好利用了这个优势！
这些嘛，是梅乐。切边会使葡萄树长出分叉侧枝，它们导致葡萄果实腐烂，因此我们需要通过摘叶来让空气流通，但是这样的话，会使酒精度升高。

并且，随着气候变暖，酒精度也在攀升：在20年间，我们的平均数值从12.5度上升到了13.8度。
于是我们尝试用支柱：让葡萄藤攀爬成扑克中黑桃的样子，以避免切边，同时既能通风又能遮阴。
这里的风土非常适合梅乐，一直都有梅乐生长！

在让-弗朗索瓦和菲利普·谢尼奥家

马瑟罗酒庄

吉伦特省巴尔萨克镇

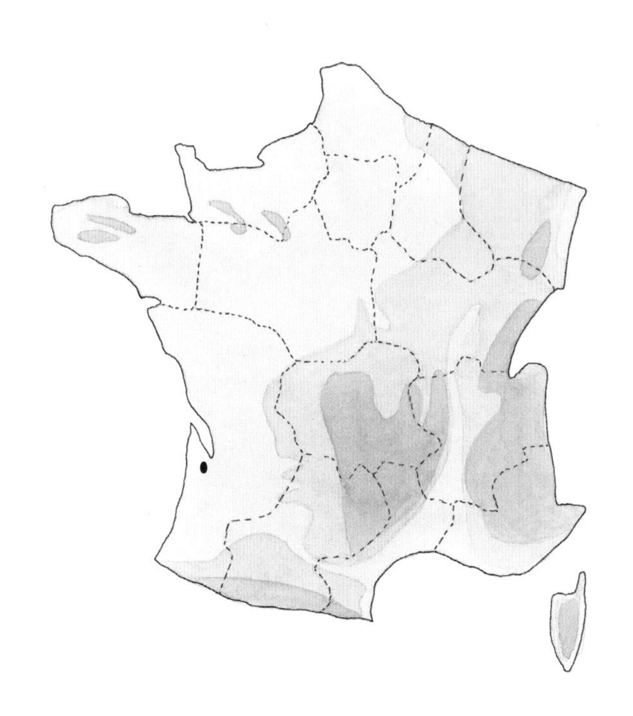

我们现在来到了波尔多的谢尼奥兄弟家，他们倾向于让别人称他们为吉伦特人。

让-弗朗索瓦向我们展示如何剪除赘芽，而菲利普则讲述了他们如何培育葡萄，以便酿出一款特别的甜酒。在这里，人们也担心气候变化和气温升高的后果。大西洋的影响和邻近的水流持久地带来霜霉病的风险，人们担心土壤里铜会饱和。最后，我们聊了致命的金黄色植原体，提到它就让人想起根瘤蚜。

看，这里有两个芽。这一个是从旁边长出的，所有没什么用，是一个副芽。我现在就可以摘掉它。

你瞧，这些是新枝，也是无用的东西。呼！它呀，还没有长出来，也许应该给它一个机会，它会长得很好。

这里也是一样的，我们用的是绳式剪枝法，这儿长了一根多余的科特枝。

所以，我将只留下这一根，并悉心照料，因为它的长势顺应葡萄树行的方向，也处于树行的轴线上。然后，我会截掉这一条，它明年会长出来。你看，我可以矫正葡萄树的结果枝蔓。

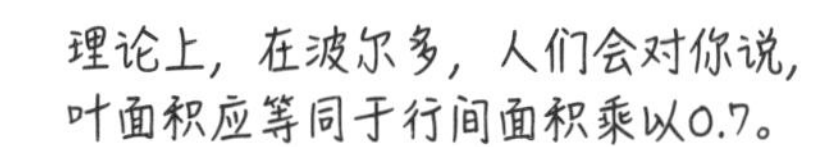
理论上，在波尔多，人们会对你说，叶面积应等同于行间面积乘以0.7。

我们呢，乘以0.9。这样做更有利于进行光合作用。
我们会做三次摘叶：一次是摘掉葡萄串前面的树叶，然后根据天气情况，我们会摘掉更上面、更里面，甚至两边的树叶。也许更早，也许更晚，或者干脆不摘……

是的，得看气候条件。

摘果是在果穗长成期进行的，越早越好。去掉生长位置不佳的果粒，以保证剩下的果粒通风良好，且有利于贵腐菌的健康生长。一定要尽量避免酸腐病或其他真菌。

之后，你就根据每株葡萄的情况做调整：比方说一株树能结出12串葡萄，如果你只给它留下6串，它会感到很紧张，你明白吗？
它本来有很多宝宝，然后突然，什么都没有了……

它原本想多产，就是说它那年状态很好，那么，像这种情况，我就会给它留7到8串葡萄。

我的拿手绝活，是甜葡萄酒。这种酒充满魔力，灰葡萄孢菌能制造出数百种香气……

看到下面那条河流了吗，那是锡龙河。河水非常清凉。它很快将汇入温度更高的加龙河。这样就会发生晨雾现象。

雾气正好把整株葡萄树包裹在一片氤氲中。这时，太阳出来了，就是说高温加上湿润……
产生真菌！

就是这样，葡萄皮上会长灰葡萄孢菌霉斑。那就像一个结块，然后它会扩大，直至占据整颗果粒，这是巧克力色阶段。这时，葡萄皮开出许多小孔，进而破裂，然后……

……然后水分蒸发，干瘪的葡萄里只有浓缩的物质。最终，里面只剩下糖和酸。就像烤出来的果脯。看起来毛茸茸的，有点脏。起初，我还不屑一顾！但是，当我尝了一颗果实后，就忍不住再尝一颗，又一颗，然后我意识到我永远不会再尝到同一个味道！

这里的做法有点疯狂，我们筛选8到12次，筛选的次数越多，香气越复杂，来自不同成熟阶段的果实越多。之后，酿出的酒完全超乎想象！

最大的难题是预测天气，进而预测葡萄的需要。

我们可以在根部垒土，然后去除垒土……以前，在特别寒冷的冬天，我们曾经在根部垒土，以避免葡萄树干基部裂开。

但是如今，随着气候变暖，一切都变了……

霜冻发生得越来越晚，还有严重的冰雹，寄生虫没有在冬季被冻死，霜霉菌变得越来越厉害，因为它没有挨过冻！

为了避免果实过于成熟，我们采收的日子越来越提前。拿梅乐来说，经常是酚的成熟度在急剧衰退，而酒精的成熟度还在增加……

要保留住酸度变得很难，我们只能少做摘叶，以便保护葡萄果实免遭暴晒。
话又说回来，这种气候对“小味儿多”葡萄挺合适的，因为我们从前很难采收到这种葡萄的成熟果实，但是它们也很脆弱，赤霞珠葡萄就很容易腐烂。

长远来看，也许应该让葡萄品种迁徙，这里也会种上西拉、香槟产区的品种、梅乐、英国品种、黑皮诺……

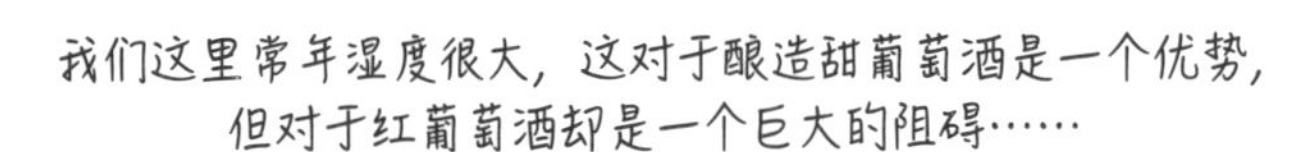
我们这里常年湿度很大，这对于酿造甜葡萄酒是一个优势，但对于红葡萄酒却是一个巨大的阻碍……

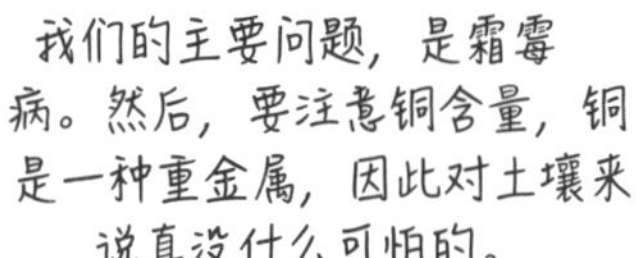
我们的主要问题，是霜霉病。然后，要注意铜含量，铜是一种重金属，因此对土壤来说真没什么可怕的。

那么你怎么做呢？你有替代办法吗？
嗯……代森联，它也变了。是了是了，这又是一款接触类产品。对土壤有利，让土壤有更长时间的抵抗力。
能达到10天，而不是以前的8天，它对于淋蚀的抵抗力也更强一点。
因此，你不用做那么多次处理。

金黄色植原体，它呀，是一种漂亮的
脏东西。做处理是必须的，我们
跟它对抗了10到15年……
它源自一种会飞的昆虫——叶蝉，这种昆虫会吸
取树干基部的树液，造成创伤，影响树液
的流动，进而导致植株死亡。
那要怎么做？是做化
学处理吗？
哈，是的。我们有除虫菊酯，没什么效
果，但是必须得用……并且，这东西
还贵得要命，但是，不管怎样，
我们必须得用。
旁边的邻居，对他来说，就无所谓，使
用那些威力强大的杀虫剂他也不在
乎，还有化学修枝剂、除草剂等
所有类型的产品……
看看他的葡萄园，你都可以坐
滑板车溜过去了！

在马蒂厄·科斯特家

涅夫勒省卢瓦尔河畔科讷库尔镇

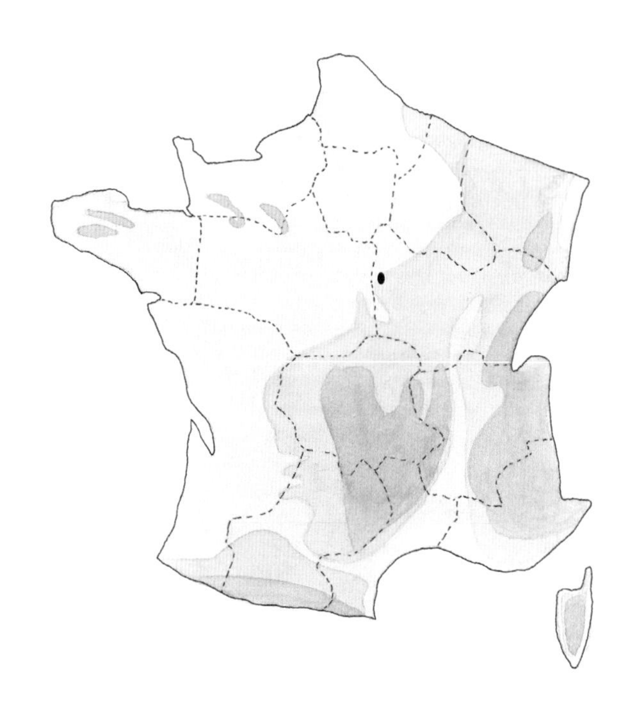

没有人比这位从前的葡萄种植教授更合适向我们介绍开花期了：翻耕土地做好准备，应对潜在的突发问题，但更重要的是，迎接葡萄自体受精的奇迹！

两个月前，天气非常寒冷，我们借此观察到了“黑色霜冻”造成的后果。但是，马蒂厄很幸运，他的伴侣亚利克丝似乎有神奇本领（事实上，她是药剂师），能及时为爱人和他的葡萄园开出一剂良方！

土地是一个向天空打开的胃。所有落在上面的东西都会被降解成易被葡萄吸收的矿物质。

重点是，不要在葡萄园里施化肥。土地既是用于消化的胃，也是用于孕育的子宫。

我们总是处于事物的循环机制中。

我们在冬天留下绿色植被，在春天又毁掉它们。这样做的目的，是重新激活春天土壤的生命力。

我们开拓空间，锄松土壤，把土变成许多小碎块，让更温暖的空气钻进土里唤醒所有的微生物，它们将重新开始工作。1个月之内，这一切就能完成。

进行得超级快！

正因如此，我们需要翻耕土地直到4月底。在葡萄的生长阶段，即枝叶生长阶段，也就是开花前，会有越来越多的氮元素被逐渐释放到土壤中。

花总是在六月中旬左右开。

呃……等等，你可以跟我们解释一下开花是怎么回事吗？

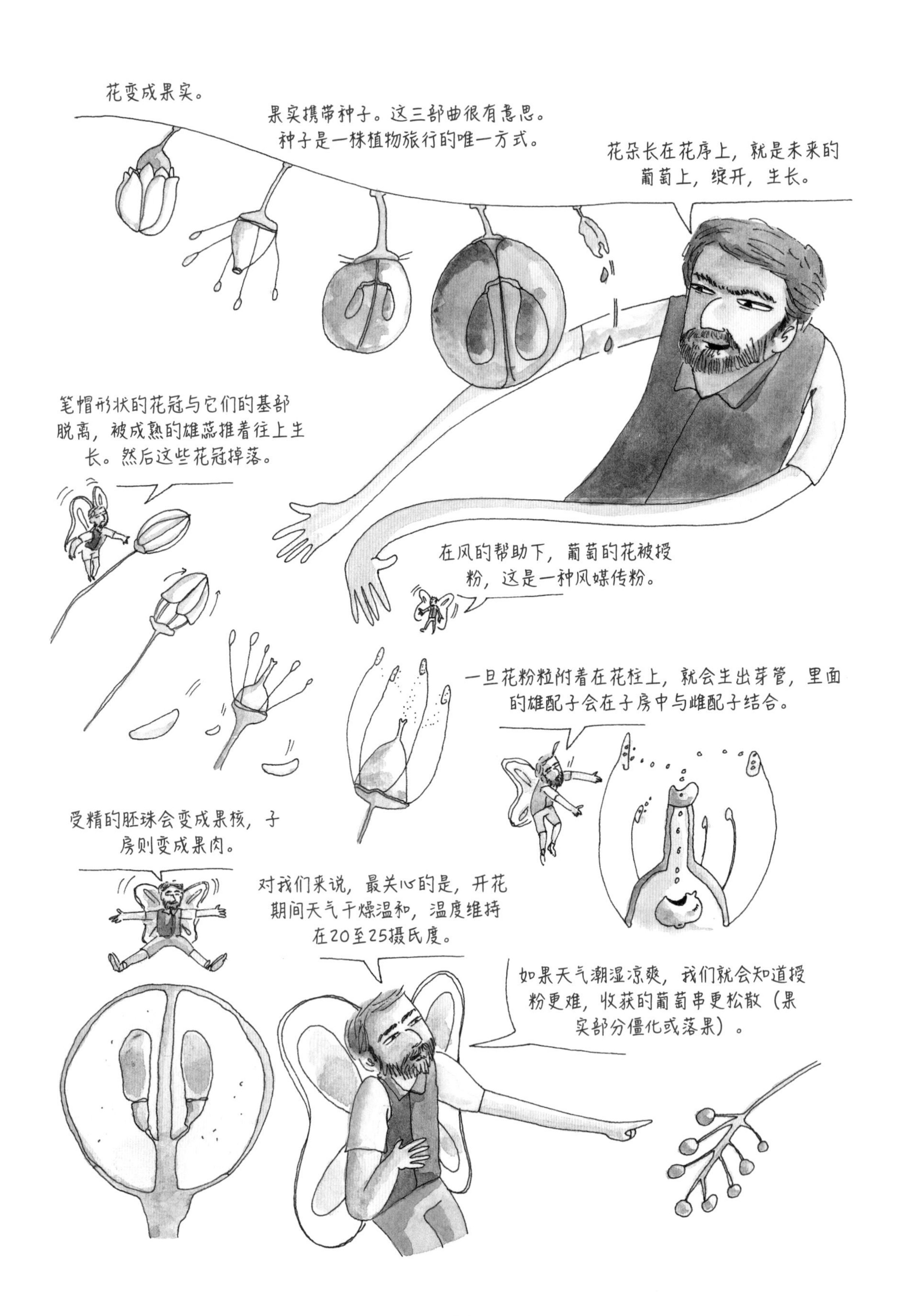
花变成果实。
果实携带种子。这三部曲很有意思。种子是一株植物旅行的唯一方式。
花朵长在花序上，就是未来的葡萄上，绽开，生长。
笔帽形状的花冠与它们的基部脱离，被成熟的雄蕊推着往上生长。然后这些花冠掉落。
在风的帮助下，葡萄的花被授粉，这是一种风媒传粉。
一旦花粉粒附着在花柱上，就会生出芽管，里面的雄配子会在子房中与雌配子结合。
受精的胚珠会变成果核，子房则变成果肉。
对我们来说，最关心的是，开花期间天气干燥温和，温度维持在20至25摄氏度。
如果天气潮湿凉爽，我们就会知道授粉更难，收获的葡萄串更松散（果实部分僵化或落果）。

果实部分僵化和落果是指什么？
果实部分僵化：只能收获一些无籽的小颗粒葡萄。
落果：花冠没有脱离基部，
这样会让葡萄籽流产。
如果在开花期土壤里有太多的氮，也会造成落果。
所以，在4月底一定要结束松土的工作。
不然，啪！落果！

黑色霜冻就发生在这块地上？我原以为这之后葡萄树就不会再生长了。
会的，会的。瞧，虽然结过冰，但是我们在下面能看到别的芽。
那些结过冰的葡萄树，怎么能看出来？
哈，很简单：枝杈生长十分不均匀。
这里，你能看出区别，仔细瞧：这些，是没有结过冰的枝杈和芽。
你看到它们的发育了吗？这株是结过冰的，你看见它疯长的势头了吗？

你会做什么来让你的葡萄从冰冻中恢复过来？有什么特殊的照顾吗？
亚历克斯给我帮过忙！
我见证了最初葡萄带来的烦恼。
miam

我看到马蒂尼和他的葡萄蜷作一团，我得想办法让他们摆脱这种萎靡的状态。

事实上，根据在药房工作和顺势疗法的经验，我想到了山金车（可以用来包扎一切生理和心理的创伤），还有缬草（当你不再做梦时，它可以让你做梦）。

都是些简单的东西，我把它们稀释后喷洒在葡萄树上，这样就不会干扰葡萄的记忆，因为大部分都是水。

这只是为了传达一个信息："振作起来吧！"10天之后，这些植物就长得郁郁葱葱了。马蒂尼都不得不惊呼："噢！我现在得剪除赘芽了！"

所以，我们准备剪除赘芽。我们有5个人干这活儿。

一般而言，剪除赘芽的时候，我们不会改变树形。去年，葡萄树长成这样漂亮的两条枝杈的形状。

今年冬天，我们剪掉了这里和这里，于是我才有了这种所谓的带两个芽眼的结果短枝。
旁边，从老木头上长出的新枝，我不得不剪掉它，以便只保留结果枝。但是今年，我们得留下它，好为明年做打算……
然后，我们会放低铁丝，开始固定住正在生长的枝条。

天气预报说会有一场时速45公里的风暴。相当于大型机器轰轰开过，这下，唉，葡萄树要遭罪了……
我得时常过来，把枝蔓绕到铁丝上。

在这边，我们是3个人负责5公顷，持续两个月。不然的话，你就会手忙脚乱，最重要的就是别乱了分寸……所以，我指望着……

除了生长变慢，霜冻对于植物还有什么直接和不利的影响吗？

所有的枝蔓都损失掉了：没有收成。我嘛，管这叫一次夭折。到了4月底，我对自己说："嘿呦，开始了！"
那时真是，呼！

这些是两根枝杈上将要结出的果实！这株树没有结过冰。

为什么它没有结冰呢？
在植物基因组的运转原理方面，当今的科学认知只研究出了1%……
这个嘛，我们也想知道！

现在，关于植物基因组的研究正在撼动一个原本确定的科学信仰：作为生物链最后一环，人类拥有最进步的基因组……

那我们呢？就没我们什么事儿啦？
你们来见了我们，而我们压根就没出现在书里！
说不定是故意的呢……
呃……实际情况是书里没地方了……
但是，我们保证，一有机会我们就出第2卷！

名词解释

火绒体（amadou）（或白腐病，pourriture blanche）
由埃斯卡病造成的浅色海绵状物质。死去的木头成为真菌的食粮。
马索·布尔达里亚和弗朗索瓦·达尔建议的新剪枝法是将火绒体刮掉，根据树液流向重塑树形，让植物得以恢复健康。
p.118,119和168

葡萄种植学（ampélographie）
源自希腊语ampelos（葡萄树）和graphein（书写）。本词意指关于葡萄苗木的研究。
p.108

温差（amplitude thermique）
最高气温（日间）与最低气温（夜间）之间的差别。
p.35

耕垄（andains）
最初指种植谷物的小田垄或收割的草料堆。现在人们用这个词指代种植用的土堆，在土堆之间有用来收集雨水的犁沟，雨水会被储存在附近。本书中，人们将年轻的葡萄树种在犁沟中，以保障它们不会缺水。
p.181

木头成熟（aoûtement）
绿色小苗木质化的时期（8月），即它们变成树枝的时期。在此阶段时，人们开始筛选为来年结果留下的母枝。
p.32和145

顶端（apex）
植物茎的尖端，某种顶芽，葡萄树的雷达指南针，能使细胞增殖和调整出芽。它在夏天会干枯并自然掉落，这时葡萄树已完成绿色生长时期，开始将精力集中在果实身上（见氮化期）。

结果长枝（baguette）
在剪枝时筛选出来的一年生树枝，用来生长出新的结果分枝。它的长度比结果短枝长，上面保留6或8个芽眼。
p.107,168和190

生物动力法（biodynamie）
适应于混作农场的农业生产方法，参考星座的方位，使用基于植物、矿物和其他天然元素制成的药剂（500、501等）。鲁道夫·斯坦纳（Rudolf Steiner，1861—1925）在1924年面向农业生产者的一系列研讨会中提出了生物动力法的基本原理。
p.16,43,46,78,79,120,125,158和159

群落生境（biotope）
居住着不同形式的生物——动物、植物和真菌的地方。用“生态系统”来指代这个地方和它的居民或许更合适，但是很多葡萄酒农都用这个词来表达生态平衡的意思。
p.11,22,113和179

黑腐病（black-rot）
一种真菌病，当它开始攻击葡萄串时，会造成真正的麻烦。像霜霉病一样，它也喜欢温暖潮湿的地方。一定不要与棕色霉斑相混淆，那是霜霉病发展到浆果阶段的症状，这时的浆果只有豌豆那么大。
p.56,58和65

灰葡萄孢菌（botrytis cinerea）
一种攻击水果、尤其是葡萄的真菌。它看起来很惹人厌，但是实际并不坏，只是有点反复无常。它可以制造出贵腐葡萄——酿造甜白葡萄酒的珍贵原料。但它也能产生酸腐质（真菌病），这样的话，就会变成灾难（酿出的是醋）！
p.18和202

布吉尼翁夫妇，莉迪娅和克洛德（Bourguignon, Lydia & Claude）
国家农学研究院（Inra）的前合作者，土地微生物分析实验室（Lams）的创立者。他们是整个地下微生物圈的超级英雄。在互联网上有很多关于他们的视频，非常清楚地阐述了他们的观点。
p.26,27和145

牛角粪肥（bouse de corne）
也被称为“500”，一种生物动力法制剂，制作方法是将牛粪装入牛角，然后埋入土中6个月。
P.78和79

培土（buttage）
通过用犁反复推葡萄树行间的土地，把葡萄树脚下的土壤堆高的操作。人们在冬天时培土，以保护葡萄树免遭冰冻。
p.170

弗朗西斯·沙布苏（Francis Chaboussou）
从Inra退休的研究主任。受一次与同事论战的启发，他写作了《因农药患病的植物》一书（Utoviec出版社，一定要读！），以及其他在20世纪70年代饱受争议的著作。他的同事们当时确实对化学杀菌产品的负面效果反应比较迟钝，那些产品是拥有研究实验室的商业品牌研发出来的，因而与公立机构的研究形成竞争关系。
p.48

根部垒土（chausser）
同培土（见“培土”）。去除垒土是指将葡萄树基部垒起的土扒回葡萄树行间。然后，还要给葡萄树的基部松土。培土和去除垒土的操作是一种非常有效的物理除草法。
P.203

缺绿病（chlorose）
由于缺乏叶绿素而导致树叶褪色，叶绿素可以进行光合作用，是树叶呈现绿色的原因。致病原因可能是土壤中缺铁、镁或其他营养元素。也常常由于活性钙的比重太大，美国种的砧木无法适应而致病。
p.74和126

切枝（cisaillage）
也称为切边（rognage）或去顶（écimage），即切掉树茎顶端的动作。
p.171,173,174和175

CIVC
香槟酒业协会（Comité interprofessionnel du vin de Champagne）。
p.122

混种（complantée或coplantée）
指在同一片园子里种不同的葡萄品种。
p.109

科特枝（cot）
见“结果短枝”。这也是马尔贝克——源自卡奥尔的葡萄品种的另一个名字。
P.197和200

可耕种层（couche arable）
这是我们走路时踩在上面的有机物层，它的下面是基岩。如果它很厚，我们称之为深层土；如果它几乎不存在，我们称之为露头的基岩。
p.6,12,27和33

结果短枝（courson）
或称煤灰枝（poussier）、科特枝（cot），是一年期的树枝，长在两年期的树枝上，后者经过人们的筛选用于保持葡萄树形的平衡。它上面的芽眼会在来年长出一根或几根结果长枝。例如，采用居约单边式剪枝法时，结果短枝上留两个或三个芽眼。
p.73,190和212

大肚瓶（dame-jeanne）
通常用来存酒的大型玻璃瓶。瓶口的宽度足以放入用于浸泡的葡萄果实。
p.88

发芽（débourrement）
春天，芽从它们的保护鳞片中伸出，露出芽上的茸毛，像棉絮一样的小细毛。这就是发芽。

翻耕株间土（décavaillonner）
刨开葡萄株间的犁土（cavaillons，即耕犁留在葡萄树基部的一线土壤），去除垒土后，将其带至葡萄树行间。这样，在每株葡萄树之间会留下一个小土块。
P.182

果蝇（drosophile）
喜欢水果的迷你苍蝇（身长约2毫米）。在采收季能经常看见它们在酒窖附近飞舞，在那里寻找腐烂的果实产卵。2014年，出现了名为斑翅果蝇的新品种，它们对法国的红葡萄造成了极大的伤害。与它的表亲不同的是，它开始刺穿健康果实的果皮产卵，很快就将一片葡萄园变成了制醋厂。
p.138

分叉侧枝（entrecoeurs）
主枝顶端被切断后，从侧面长出来的嫩枝。顶端的消失会致使长条形的浓密新枝生出：许多的分叉侧枝会长出很多新的叶子，有时还会结出第二代葡萄（如果我们不修枝的话）。
p.173,175和198

葡萄毛毡病（érinose）
葡萄的一种寄生螨虫引起的疾病。在树叶的表面，可以看到像疣子一样的隆起。
一般情况下，这种病在葡萄采收时并不危险，除非春天葡萄在长新叶而非果实时，它的猛烈攻击会造成严重的伤害。
p.91

埃斯卡（esca）
每年造成大量葡萄树死亡的真菌病。我们在葡萄园经常聊到它，因此在本书中也多次提及（见前文的一个严肃观点，第118页）。
p.33,116,119,137,140和188

果穗长成期（fermeture de grappe）
介于结果期和果实成熟期的生长阶段，此时葡萄串变得密集，果粒长大，葡萄串变得饱满。
p.201

絮凝作用（floculation）
液体中悬浮的微小粒子凝集在一起。简而言之，我们可以说是一种土壤结构化的现象。
p.27

裸藤（francs de pied）
被直接种植在土壤中的葡萄树，没有嫁接在美国种的砧木上。高龄的裸藤非常罕见，都是根瘤蚜虫害仅有的幸存者：它们来自前根瘤蚜虫害时期。人们重新在各处尝试种植这些裸藤。
p.107和183

区级防控有害机体协会（Fédération régionale de défense contre les organismes nuisibles，简称Fredon）
该协会的成员负责监控植物健康状况、诊断病虫害。
p.157

徒长枝（gourmands）
或称葡萄蔓（pampres）、新枝（rejets）。在与土壤交界处的砧木上长出的芽，通常在还嫩的时候就被摘掉了。
p.76

青葡萄（grappillon）
第二代葡萄果实，在第一代果实结出后约一个月出现。因此，青葡萄一般太酸，不能与其他葡萄同时被采摘。但是，可以对它们进行二次采摘（人们通常用它们做酸葡萄酒，用来烹饪，这也是为什么它们有时被唤作酸葡萄！）。
p.83和88

国家原产地与质量管理局（Institut national de l'origine et de la qualité，简称Inao）
在1935年成立之初，它的名字为国家原产地命名局。这家机构旨在保护出产于杰出风土的葡萄酒，但不幸的是，由于它随着生产方法的发展在变革，大量辛勤投入的葡萄酒农再也无法获得它的承认。
p.122

马克斯·莱格利斯（Max Léglise，1948—1984）
抛开所学的传统理论，凭借更天然的酿酒技术，他成为历史上一位伟大的酿酒师。他是我们竭力推荐、值得深入了解的人们中的一员。
p.26

解除种子休眠（levée de dormance）
一粒处于休眠状态的种子的发芽条件。
p.128

石灰藻（lithothamme）

富含钙的水藻。1959年，让·布歇与拉乌尔·勒迈尔合作推广一种有机种植方法，其原理建立在以石灰藻当肥料的基础上。

p.45

压条法（marcottage）

将长在树干上的枝条压到地里的做法，依据生根[rhizogenèse，源自希腊语rhizo（根）]原理，压进土里的枝条会在母树旁边长成一株新树。

p.140

皮埃尔·马松（Pierre Masson）

生物动力法顾问（同样推荐阅读，以了解生物动力法的具体方法）。

p.125

成熟（maturité）

没错，就是葡萄变熟的时候！分为酚醛（包含在葡萄皮、梗和葡萄籽中的单宁）的成熟和酒精的成熟，后者通过压碎每升葡萄果粒获得的含糖比例来计量（约17克糖每升可提高酒精度1度）。为了测量成熟度，有的酒农会把葡萄样品送至实验室检测，有的则认为测量含糖比例和通过嚼碎葡萄籽来品尝果实即可。

p.31,32,46,115,149,153,174,184,202和203

霜霉病（mildiou）

类似于一种真菌病（无法完全确定致病组织为真菌，但是它们和真菌很像）。霜霉病源菌喜温暖潮湿。它们攻击叶子，然后是果实，到那时再救治就太晚了。因此，潮湿年份就得与病菌进行激烈的较量，以避免它侵害果实。

p.18,58,65,67,90,95,101,109,124,127,160,199,203和204

农业社会互助组织（Mutualité sociale agricole，简称MSA）

这是葡萄酒农们加入的卫生组织。

p.157

菌根（mycorhize）

见第13页。

p.12,123和128

结果（nouaison）

花的子房授精后，果实形成的时期（见第208页，里面有马蒂厄·科斯特解释的开花期）。

白粉病（oïdium）

像霜霉病一样，类似于一种真菌病（无法完全确定致病组织为真菌，但是它们和真菌很像）。它也喜潮湿，但没那么喜高温。

p.18,67,77,101,124,160和177

绑枝（palissage）

用铁丝和短桩为葡萄树塑形的方法。

p.31,32,56,63,93和162

葡萄蔓（pampres）

见徒长枝。

p.190和197

风干（passerillage）

过熟葡萄果实的精华集中现象。果皮变干瘪，水分蒸发，使得糖分（若果实在树干上风干）和酸度（若果实被摘下，放在稻草之类的垫子上风干）更集中。

p.88

永续农业（permaculture）

可持续的、永久的、伦理学的耕种模式，受大自然的平衡启发，在此模式下，人们根据互补性来安排所种植物。

p.181和182

形态（port）

在没有支撑结构（铁丝、矮桩……）的情况下，葡萄在自然界的站立方式。可能是下垂的、直立的、半直立的。

p.31和63

贵腐（pourriture noble）
见灰葡萄孢菌。
p.201

小枝（poussier）
都兰地区对结果短枝的称呼。
p.39

前根瘤蚜虫害时期（préphylloxérique）
见裸藤。
p.74

葡萄梗（rafle）
葡萄串的杆，将葡萄果实整体连接起来。
p.112

切边（rognage）
见切枝。
p.31,32,34,149和198

FACA滚筒修剪机（rouleau FACA）
用来压倒野草的挂车式工具。米夏埃尔用煤气罐子自己做了一个。
p.8,53和54

含氮阶段和含碳阶段（stades azoté et carboné）
阿兰·卡斯泰将葡萄的生长周期分为两个重要阶段：含氮阶段，从发芽持续到结果，葡萄树在此期间从土壤汲取养分；含碳阶段，此时葡萄树主要通过光合作用自给养分，吸收空气中的碳，以促进嫩枝和果梗的木质化与果实的成熟。
p.31

叶面积（surface foliaire）
与树干相比，叶子所占的面积。
p.93和201

山阴（ubac）
一座山接受光照时间更短的山坡。扩展来说，即北坡（南方人多用这个词）。
p.38,45和55

开始成熟（véraison）
葡萄果实变色的阶段。它从绿色变成最终的颜色（红色、白色、灰色……），含糖量升高，与此同时酸度下降。参见成熟。
p.18和32

青果（verjus）
见青葡萄。
p.174

500
见牛角粪肥。
p.16和70

译后记

喜欢漫画和美食的朋友，也许对《神之水滴》这本累计销量数百万的日本人气漫画有所耳闻，据业内人士称，这套书帮助日本最大葡萄酒商打破销售纪录，甚至有力地提升了整个亚洲地区的葡萄酒销量。类似的作品还有出自法国本土的《波尔多往事》，讲述酿酒世家传奇故事的畅销系列，同样在全球范围广受好评。市面上不乏这一类型的漫画作品，它们的故事更倚重于酿造和品鉴的环节，而像《天然葡萄酒》这样专注于讲述种植故事的，可以说凤毛麟角。

行业内有句流传甚广的俗话叫：好的葡萄酒，七分靠种植，三分在酿造。意思是，优质的葡萄原料远比精湛的酿造技术重要，这跟"巧妇难为无米之炊"是一样的道理。《天然葡萄酒》仿佛一部水彩绘成的生动纪录片，借由善于捕捉细节和充满幽默感的文字和绘画，向我们娓娓道来葡萄树的低吟浅唱，带领我们一窥葡萄种植的幕后，从源头解开葡萄酒的诞生之谜。

嫁接、裸藤、根瘤蚜虫害……一些高频出现的专业词汇也许会让门外汉看得云里雾里或者望而生畏，但好在本书的优势之一在于——它是一本漫画！配以生动形象的图画，酒农们的常用术语也就更容易理解和记忆了。说到上面那三个词，理解了它们的逻辑关系之后，你也可以对它们信手拈来。比如，根瘤蚜虫害是葡萄种植史上一次非常重大的事件，19世纪初，携带根瘤蚜虫卵的美国种葡萄藤被带到法国，导致欧洲传统酿酒国家葡萄园的大规模消亡，因为欧洲的葡萄藤对这种小虫子没有免疫力。有人说，欧洲在殖民主义时代将瘟疫传到美洲，致使印第安人大量死亡，而根瘤蚜虫害则是美洲对欧洲的反殖民。那么，怎么对付这种虫害呢？解决办法就是把欧洲葡萄藤嫁接在有免疫力的美洲种做的砧木上，因为这种虫害攻击的是葡萄树干的底部。而在这场葡萄瘟疫中幸存下来的葡萄树，现在都成了高龄老树，就被称为裸藤，即未经过嫁接的葡萄藤。对于坚持天然理念的酒农们来说，裸藤就意味着品质、纯粹、自然。

《天然葡萄酒》是一曲关于自然的赞歌，也是一次次人与人的相遇，与那些耕作于天地间、用双手来感受和创造的匠人们的相遇。它用温柔的线条和诗意的色彩描绘出一幅幅以大自然为师的酒农肖像。他们拥有相同的激情和多样的人格魅力。他们的话常常让我想起在法国参观葡萄园的经历。比如说，他们的葡萄园大都种在山丘上，曾经有位波尔多的酒庄主告诉我，越是好的葡萄园，越是种在山丘上，因为有坡度的葡萄园可以享受更多的阳光，排水性更好，但也会让生产成本上升，因为山坡上只能采用人工劳作，拖拉机上不去。

书中的酒农们常把“生物动力法”挂在嘴边，但究竟什么是“生物动力法”，也许很难一言以蔽之。我所了解的是，生物动力法与有机种植是有区别的。有机种植是指使用纯天然的肥料和驱虫办法，拒绝使用任何化学产品。而生物动力法则是在有机种植的基础上，还要遵循大自然的运转规律，尽可能地减少人为干预。举个例子，我在法国南部见到过一个重力酿酒窖，整个酒窖按照功能分为三个车间，借助地形条件呈阶梯式分布，一个比一个低。葡萄采收后被运到位置最高的第一个车间，第一道工序结束后，依靠地球引力的作用，葡萄汁被引导至第二个车间，然后以此类推，直到酿造完成。这意味着，在整个酿造过程中，不需要使用泵机，单纯靠重力的作用完成酒汁的运输工作。这就是生物动力法的概念之一。

《天然葡萄酒》是朱斯蒂娜和弗勒尔两位作者的倾情之作，也像一本老友们的葡萄园札记，一本二百来页的小书记录了她们与数十位酒农的对话。为了尽可能真实地还原场景，书中人物的用词大多口语化，而且经常会说一些行话，这给翻译带来一定的难度。葡萄酒的王国疆域广阔，遨游在其中真是学无止境。如果有翻译错误和不恰当的地方，还望读者朋友包涵与指正。

本书法文原名为Pur jus，意思是“纯净的汁液”，是法国业内人士对天然葡萄酒的叫法。愿这杯集结了心血与热爱的纯酿能为你带去一缕葡萄园的灿烂阳光，一抹沁人心脾的酒香。

二〇一九年夏

图书在版编目（C I P）数据

天然葡萄酒 / (法) 朱斯蒂娜 · 圣-罗, (法) 弗勒尔 · 戈达尔著 ; 彭粲译. -- 贵阳 : 贵州人民出版社, 2020.3

ISBN 978-7-221-15693-8

Ⅰ. ①天… Ⅱ. ①朱… ②弗… ③彭… Ⅲ. ①葡萄酒—基本知识 Ⅳ. ①TS262.6

中国版本图书馆CIP数据核字(2019)第246035号

著作权合同登记图字：22-2019-048 号

TIANRAN PUTAOJIU
天然葡萄酒
[法] 朱斯蒂娜 · 圣-罗/弗勒尔 · 戈达尔 著　彭粲 译　后浪漫 校
选题策划　后浪出版公司
出版统筹　吴兴元
责任编辑　李　方
特约编辑　张媛媛
装帧制造　墨白空间 · 杨　阳
责任印制　于翠云
出版发行　贵州出版集团 贵州人民出版社
地　　址　贵阳市观山湖区会展东路SOHO办公区A座
印　　刷　北京盛通印刷股份有限公司
版　　次　2020年3月第1版
印　　次　2020年3月第1次印刷
开　　本　787mm × 1092mm　1/16
印　　张　14
字　　数　51千字
书　　号　ISBN 978-7-221-15693-8
定　　价　92.00元
官方微博　@后浪图书
读者服务　reader@hinabook.com188-1142-1266
投稿服务　onebook@hinabook.com133-6631-2326
直销服务　buy@hinabook.com133-6657-3072